2018 中国节能节电分析报告

国网能源研究院有限公司 编著

中国电力出版社
CHINA ELECTRIC POWER PRESS

内 容 提 要

《中国节能节电分析报告》是能源与电力分析年度报告系列之一，主要对国家出台的节能节电相关政策法规和先进的技术措施进行系统梳理和分析评述，分析测算重点行业和全社会节能节电成效，为准确把握我国节能形势、合理制定相关政策和措施提供决策参考和依据。

本报告对我国2017年节能节电面临的形势、出台的政策措施、先进的技术实践以及全社会节能节电成效进行了深入分析和总结，并重点分析工业、建筑、交通运输领域的经济运行情况、能源电力消费情况、能耗电耗指标变动情况以及主要节能节电成效。

本报告具有综述性、实践性、趋势性、文献性等特点，内容涉及经济分析、能源电力分析、节能节电分析等多个专业，覆盖工业、交通、建筑等多个领域，适合节能服务公司、高校、科研机构、政府及投资机构从业者参考使用。

图书在版编目（CIP）数据

中国节能节电分析报告.2018/国网能源研究院有限公司编著.—北京：中国电力出版社，2018.11

（能源与电力分析年度报告系列）

ISBN 978-7-5198-2674-1

Ⅰ.①中… Ⅱ.①国… Ⅲ.①节能－研究报告－中国－2018②节电－研究报告－中国－2018 Ⅳ.①TK01

中国版本图书馆CIP数据核字（2018）第261966号

出版发行：中国电力出版社

地　　址：北京市东城区北京站西街19号（邮政编码100005）

网　　址：http://www.cepp.sgcc.com.cn

责任编辑：刘汝青　娄雪芳（010-63412375）

责任校对：黄　蓓　太兴华

装帧设计：赵姗姗

责任印制：吴　迪

印　　刷：北京瑞禾彩色印刷有限公司

版　　次：2018年11月第一版

印　　次：2018年11月北京第一次印刷

开　　本：787毫米×1092毫米　16开本

印　　张：11

印　　数：0001—2000册

字　　数：149千字

定　　价：88.00元

《中国节能节电分析报告》

编　写　组

组　　长　单葆国

主 笔 人　吴　鹏　刘小聪

特邀专家　王庆一

成　　员　王成洁　唐　伟　王　向　冀星沛　张　煜
　　　　　贾跃龙　徐　朝　胡超霞　尹传根

前言

国网能源研究院多年来紧密跟踪全社会及重点行业节能节电、电力需求侧管理、电能替代等工作的进展，开展节能节电成效分析、政策与措施分析，形成年度系列分析报告，为科研单位、节能服务行业、政府部门、投资机构提供了有价值的决策参考和信息。

本报告主要分为概述、节能篇、节电篇和专题篇四部分。

概述综述了 2017 年我国的节能节电工作的总体情况，包括节能节电成效、政策措施和节能形势。

节能篇主要从我国能源消费情况，以及工业、建筑、交通运输等领域的具体节能工作进展等方面对全社会节能成效进行分析，共分 5 章。第 1 章介绍了 2017 年我国能源消费的主要特点；第 2 章分析了工业领域的节能情况，重点分析了钢铁工业、有色金属工业、建材工业、石油和化学工业、电力工业的行业运行情况、能源消费特点、节能措施和节能成效；第 3 章分析了建筑领域的节能情况；第 4 章分析了交通运输领域中公路、铁路、水路、民航等细分领域的节能情况；第 5 章对我国全社会节能成效进行了分析汇总。

节电篇主要从我国电力消费情况，以及工业、建筑、交通运输等领域的节电工作进展等方面对全社会节电成效进行分析，共分 5 章。第 1 章介绍了 2017 年我国电力消费的主要特点；第 2 章分析了工业重点领域的节电情况；第 3 章分析了建筑领域的节电情况；第 4 章分析了交通运输领域的节电情况；第 5 章对全社会节电成效进行了分析汇总。

专题篇总结分析了改革开放40年以来我国节能节电的主要政策措施、节能节电成效、存在的问题和主要建议。

此外，本报告在附录中摘录了部分能源、电力数据，节能减排政策法规等。

本报告概述和全社会节能节电成效章节由刘小聪、吴鹏主笔；能源消费、电力消费章节由张煜主笔；工业节能、节电章节由吴鹏、刘小聪、王向、冀星沛、徐朝主笔；建筑节能、节电章节由唐伟主笔；交通运输节能、节电章节由王成洁主笔；专题由刘小聪、贾跃龙主笔；附录由胡超霞、刘小聪主笔。全书由刘小聪统稿，吴鹏校核。

王庆一教授为本报告的编写提供了部分基础数据，并对研究团队的建设和培养给予了无私帮助；国家电网有限公司发展策划部、营销部对本报告的撰写提供了大力支持；中国钢铁工业协会、中国有色金属行业协会、中国水泥协会、中国石油和化工联合会、交通运输部科学研究院、住房和城乡建设部科技与产业化中心等单位的专家提供了部分基础材料和数据，并对报告内容给予了悉心指导；华北电力大学实习生胡超霞、尹传根为本报告做了大量基础资料搜集和整理工作。在此一并表示衷心感谢！

限于作者水平，虽然对书稿进行了反复研究推敲，但难免仍会存在疏漏与不足之处，恳请读者谅解并批评指正！

编著者

2018年10月

目录

节　电　篇

专　题　篇

概　　述

节能是我国可持续发展的一项长远发展战略，也是我国的基本国策。推进节能减排工作、加快建设资源节约型、环境友好型社会是我国的一项重大战略任务。我国当前面临着能源生产消费方式的变革，提高能效是我国能源革命的重要内容之一。

一、2017年我国节能节电工作取得积极进展

全国单位GDP能耗和电耗均持续下降。2017年，全国单位国内生产总值能耗为0.57tce/万元（按2015年价格计算），比上年下降3.4%[1]。全年实现节能量1.66亿tce，相当于2017年能源消费总量的3.7%；全国单位GDP电耗803kW·h/万元，比上年下降1.2%，与2015年相比累计下降2.9%，自2012年以来连续五年呈现下降趋势。

多数工业产品能耗下降。2017年，在国家节能减排工作的大力推进下，大多数制造业产品能耗普遍下降。其中，吨粗铜综合能耗、吨钢综合能耗、单位烧碱综合能耗、合成氨综合能耗、墙体材料综合能耗、平板玻璃综合能耗分别比上年下降4.8%、0.9%、1.9%、1.5%、1.6%、3.1%，其中平板玻璃、烧碱的能耗已与国际先进水平相当。

建筑部门是节能节电的重要部门。2017年与2016年相比，全国工业部门、建筑部门、交通运输部门分别实现节能量2683万、4820万、841万tce，分别占全社会节能量的16.1%、29.0%、5.1%；建筑部门实现节电量2780亿kW·h，约占主要部门节电量的98.6%。

节能环保产业取得新成效。2017年，节能服务产业规模持续较快增长，节能减排成效显著。全年总产值为4148亿元[2]，同比增长6.3%，增速较上年提高2个百分点；全国从事节能服务的企业6137家，较上年增加321家，行业从

---

[1] 根据《2017年国民经济和社会发展统计公报》公布的GDP和能源消费数据测算，为2015年可比价结果，《2017年国民经济和社会发展统计公报》中2017年全国万元国内生产总值能耗下降3.7%。

[2] 节能服务产业数据来源于《2017节能服务产业发展报告》。

业人员 68.5 万人，较上年增长 3.3 万人。合同能源管理项目形成年节能能力 3812.3 万 tce，较上年增长 6.5%；合同能源管理投资达 1113.4 亿元，较上年增长 3.7%，单位节能量投资成本与往年基本持平，为 2920 元/tce。

二、节能政策措施有序推进

持续加强工业节能，推动绿色制造。工业能源消费是我国能源消费的重点领域，工业领域能效提升是实现全社会节能目标的关键。2017 年，工业和信息化部出台多项工业节能政策措施，涉及工业高端智能制造、绿色转型、节能监察和节能标准。特别是为贯彻落实《中国制造 2025》《工业绿色发展规划（2016—2020 年）》《绿色制造工程实施指南（2016—2020 年）》，2017 年绿色制造一系列配套文件相继出台，绿色制造体系建设进程加快。

推动重点用能单位节能，助力能源消费总量和强度“双控”。2017 年 9 月，国家发展改革委和质检总局印发了关于《重点用能单位能耗在线监测系统推广建设工作方案》的通知，推动完成能源消费总量和强度“双控”目标任务。2017 年 11 月，国家发展改革委环资司发布《关于开展重点用能单位“百千万”行动有关事项的通知》，提出了双控目标分解与评价考核机制以及切实推动重点用能单位节能管理工作的要求。

推动实施电力需求侧管理，贯彻供给侧结构改革。2017 年 9 月，《电力需求侧管理办法（修订版）》（以下简称“修订版”）发布，“修订版”在原《电力需求侧管理办法》基础上拓展了电力需求侧管理的内涵、实施主体、实施手段和保障措施，顺应了当前的经济能源电力新形势。此外，工业和信息化部公布了《全国工业领域电力需求侧管理参考产品（技术）第一批目录》，以落实《工业领域电力需求侧管理专项行动计划（2016—2020 年）》相关要求。

推进清洁供暖，改善大气环境。2017 年，清洁取暖工作快速推进，各类政策密集出台。其中，2017 年 9 月 6 日，住房城乡建设部、发展和改革委员会、财政部、国家能源局联合印发《关于推进北方采暖地区城镇清洁供暖的指导意见》，从国家政策层面指导北方城镇采暖地区加快推进清洁供暖，部署八项重点工作，提出五条保障措施；2017 年 12 月 5 日，国家发展改革委等十部委联合共同印发《北方地区冬季清洁取暖规划（2017—2021）》（发改能源〔2017〕2100 号），明确提出到 2019 年、2021 年，北方地区清洁取暖率分别达到 50%、70%，替代散烧煤（含低效小锅炉用煤）7400 万 t、1.5 亿 t，2021 年供热系统平均综合能耗降低至 15kgce/m^2以下。

三、我国面临的节能形势依然较为严峻，未来仍需全方位推进节能工作

资源环境约束不断趋紧。目前在我国正处在持续推动工业化、城镇化进程中，经济发展与资源环境的矛盾将持续存在。2017 年，我国天然气和石油进口量分别同比增长 26.9%、10.8%[1]，对外依存度分别升至 39.0%、67.4%。此外，十九大报告明确提出"着力解决突出环境问题"，亟须推动绿色发展模式。资源环境对我国经济发展的约束日趋严重。

减排工作力度增大。2017 年我国启动了全国性的碳交易市场，这是国家应对气候变化、推动低碳发展的重要举措。当前我国碳排放总量仍居世界首位，而未来经济社会发展仍需较大的排放空间支撑，应对气候变化的国际压力将在较长时间里存在。

我国工业产品能耗与国际先进水平相比仍有一定差距，节能潜力巨大。2017 年，建筑陶瓷单位能耗约为国际先进水平的 2 倍，合成氨、墙体材料、乙烯、炼油单位能耗分别较国际先进水平分别高出 47.8%、43.3%、33.7%、24.7%。根据 2017 年我国能耗水平以及国际先进水平测算，我国工业领域十种产品生产的节能潜力约 2.05 亿 tce。

技术创新和结构调整需同步推进，全面支撑节能降耗。节能需要强有力的技术支撑体系，节能技术的技术创新与技术进步也是实现产品供给转型升级、节能减排最重要的方式。但在传统产业转型升级、新兴产业快速发展等条件下，利用技术改造大幅提高能效的潜力不断减小，而"去产能"等政策在推进

[1] 天然气进口数据来源于国家统计局，石油进口数据来源于《2017 年国内外油气行业发展报告》。

结构节能的同时将进一步压缩技术节能的空间，未来结构优化升级对节能的贡献将逐步增大。

大力发展节能环保产业，驱动社会绿色转型。节能环保产业是我国加快培育和发展的战略性新兴产业之一，在我国节能技术应用和节能项目投资等方面发挥着至关重要的推动作用，而且对推动节能改造、减少能源消耗、增加社会就业、促进经济发展产生了积极的作用。未来节能环保产业需向综合化、智慧化、国际化、集团化发展，加强节能基础能力建设，提升节能设备制造水平，丰富商业模式，拓展融资渠道，以提升能效和改善能源消费结构为目标，提升节能服务综合能力。

节能篇

1

能源消费

本章要点

（1）我国能源消费增速明显下降。 2017年，全国一次能源消费量44.9亿tce，比上年增长2.9%，增速比上年提高1.5个百分点，占全球能源消费的比重为23.2%。

（2）一次能源消费结构中煤炭比重下降，能源结构优化取得新进展。 2017年，我国煤炭消费量占一次能源消费量的60.4%，比上年下降1.6个百分点；占全球煤炭消费总量的50.7%，比上年增加0.1个百分点。非化石能源消费量占一次能源消费量的比重达13.8%，比上年提高0.5个百分点。

（3）工业用能在终端能源消费中持续占据主导地位。 2016年，我国终端能源消费量为31.87亿tce，其中，工业终端能源消费量为20.65亿tce，占终端能源消费总量的比重为64.8%。工业在终端能源消费中占据主导地位。

（4）优质能源在终端能源消费中的比重逐步上升，但比重仍偏低。 煤炭占终端能源消费比重持续下降，电、气等优质能源的比重逐步增加。2016年我国电力占终端能源消费的比重为22.5%，比2015年上升1.2个百分点，与日本、法国等国家相比，仍低2～4个百分点。

（5）人均能源消费量提高。 2017年，我国人均能耗为3219kgce，比上年增加66kgce，比世界平均水平（2557kgce）高662kgce，但与主要发达国家相比仍有明显差距。

1.1　能源消费

2017 年，全国一次能源消费量 44.9 亿 tce，比上年增长 2.9%，增速比上年增加 1.5 个百分点；占全球能源消费的比重达 23.2%[1]。其中，煤炭消费量 27.14 亿 tce，增长 0.4%；石油消费量 8.39 亿 tce，增长 5.2%；天然气消费量 3.2 亿 tce，增长 14.8%。我国一次能源消费总量与构成，见表 1-1-1。

表 1-1-1　　我国一次能源消费总量与构成

年份	能源消费总量（万 tce）	构成（能源消费总量=100）			
		煤炭	石油	天然气	一次电力及其他能源
1980	60 275	72.2	20.7	3.1	4.0
1990	98 703	76.2	16.6	2.1	5.1
2000	146 964	68.5	22.0	2.2	7.3
2001	155 547	68.0	21.2	2.4	8.4
2002	169 577	68.5	21.0	2.3	8.2
2003	197 083	70.2	20.1	2.3	7.4
2004	230 281	70.2	19.9	2.3	7.6
2005	261 369	72.4	17.8	2.4	7.4
2006	286 467	72.4	17.5	2.7	7.4
2007	311 442	72.5	17.0	3.0	7.5
2008	320 611	71.5	16.7	3.4	8.4
2009	336 126	71.6	16.4	3.5	8.5
2010	360 648	69.2	17.4	4.0	9.4
2011	387 043	70.2	16.8	4.6	8.4
2012	402 138	68.5	17.0	4.8	9.7
2013	416 913	67.4	17.1	5.3	10.2
2014	425 806	65.6	17.4	5.7	11.3
2015	429 905	63.7	18.3	5.9	12.1

[1]《BP 世界能源统计年鉴 2018》。

续表

年份	能源消费总量（万 tce）	构成（能源消费总量=100）			
		煤炭	石油	天然气	一次电力及其他能源
2016	435 819	62.0	18.5	6.2	13.3
2017	449 000	60.4	18.8	7.0	13.8

数据来源：国家统计局，《中国能源统计年鉴 2017》《2018 中国统计年鉴》。

注 电力折算标准煤的系数根据当年平均发电煤耗计算。

能源消费结构中煤炭比重继续下降。2017 年，我国煤炭占一次能源消费的比重为 60.4%，比上年下降 1.6 个百分点，创历史新低；占全球煤炭消费的比重为 50.7%[1]，与上年相比上升 0.1 个百分点。我国是世界上少数几个能源供应以煤为主的国家之一，美国煤炭占一次能源消费的比重为 14.9%，德国为 21.3%，日本为 26.4%，世界平均为 27.6%。2017 年，我国石油消费量比重上升 0.3 个百分点；天然气比重上升 0.8 个百分点。非化石能源占一次能源消费的比重达 13.8%，比上年上升 0.5 个百分点。

1.2 工业占终端用能比重

工业在终端能源消费中占据主导地位。2016 年，我国终端能源消费量为 31.87 亿 tce，其中，工业终端能源消费量为 20.65 亿 tce，占终端能源消费总量的比重为 64.8%；建筑业占 2.1%；交通运输占 11.6%；农业占 2.1%。我国分部门终端能源消费情况，见表 1-1-2。

表 1-1-2　　我国分部门终端能源消费结构

部门	2000 年		2005 年		2010 年		2015 年		2016 年	
	消费量（Mtce）	比重（%）	消费量（Mtce）	比重（%）	消费量（Mtce）	比重（%）	消费量（Mtce）	比重（%）	消费量（Mtce）	比重（%）
农业	28.7	2.7	50.3	2.6	53.3	2.1	63.3	2.0	65.7	2.1

[1] 本段数据来源《2018 中国统计年鉴》《BP 世界能源统计年鉴 2018》。

续表

部门	2000 年		2005 年		2010 年		2015 年		2016 年	
	消费量(Mtce)	比重(%)	消费量(Mtce)	比重(%)	消费量(Mtce)	比重(%)	消费量(Mtce)	比重(%)	消费量(Mtce)	比重(%)
工业	718.7	67.7	1356.8	70.4	1826.5	70.4	2097.2	66.2	2065.2	64.8
建筑业	18.0	1.7	29.3	1.5	45.8	1.8	64.2	2.0	66.8	2.1
交通运输	103.7	9.8	177.5	9.2	251.9	9.7	359.2	11.3	370.4	11.6
批发零售	21.6	2.0	41.1	2.1	52.9	2.0	75.3	2.4	78.0	2.5
生活消费	126.2	11.9	200.1	10.4	263.3	10.1	362.7	11.4	389.5	12.2
其他	44.8	4.2	72.6	3.8	102.0	3.9	147.2	4.6	151.9	4.8
总计	1061.7	100	1927.7	100	2595.8	100	3169.1	100	3187.4	100

注　1. 数据来自《中国能源统计年鉴 2017》。终端能源消费量等于一次能源消费量扣除加工、转换、储运损失，电力、热力按当量热值折算。

2. 我国统计的交通运输用油，只统计交通运输部门运营的交通工具的用油量，未统计其他部门和私人车辆的用油量。这部分用油量为行业统计和估算值。

1.3　优质能源比重

优质能源在终端能源消费中的比重逐步上升，但比重仍偏低。煤炭占终端能源消费比重持续下降，电、气等优质能源的比重逐步增加。2016 年电力占终端能源消费的比重为 22.5%，比 2015 年上升 1.2 个百分点[1]，高于世界平均水平，与美国相当，但比日本、法国等国家低 2～4 个百分点[2]。煤炭比重偏高的终端能源消费结构是造成我国环境污染严重的重要原因。

1.4　人均能源消费量

人均能源消费量进一步提高。2017 年，我国人均能耗为 3219kgce，比上年

---

❶ 来自《中国能源统计年鉴 2017》。

❷ 国外数据来源于 IEA。

增加 66kgce，比世界平均水平（2557kgce[1]）高 662kgce，但与主要发达国家相比仍有明显差距，2017 年美国、欧盟、日本分别为 9892、6077 和 5141kgce。2005 年以来我国人均能耗情况，见图 1-1-1。

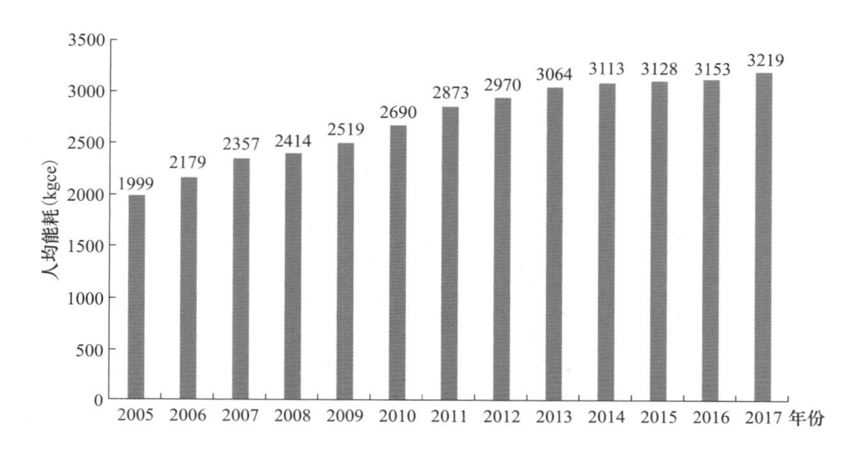

图 1-1-1　2005 年以来我国人均能耗情况

随着人均收入增加，人均能耗水平仍将逐步提高，未来我国能源消费需求将保持较快增长。

[1] 本小节国外数据来源于 BP。

2

工业节能

本章要点

（1）制造业多数产品单位能耗下降。 2017年，在国家节能减排工作的大力推进下，大多数制造业产品能耗普遍下降。其中，铜冶炼综合能耗为321kgce/t，比上年下降4.8%；钢综合能耗为890kgce/t，比上年下降0.1%；烧碱综合能耗为862kgce/t，比上年下降1.9%；合成氨综合能耗为1463kgce/t，比上年下降1.5%；墙体材料综合能耗为430kgce/万块标准砖，比上年下降1.6%；平板玻璃综合能耗为12.4kgce/重量箱，比上年下降3.1%。

（2）电力工业实现节能量较大。 电力工业采取的主要节能措施有：优化电源结构，提高非化石能源发电装机比重；增加大容量、高参数、环保型机组投资；推进高效、清洁、低碳火电技术研发推广、推进供给侧结构性改革防范化解煤电产能过剩、综合施策推动解决“三弃”问题。2017年，全国6000kW及以上火电机组供电煤耗为309gce/（kW•h），比上年下降3gce/（kW•h）；全国线路损失率为6.48%，比上年降低0.01个百分点。与2016年相比，综合发电和输电环节节能效果，电力工业生产领域实现节能量1239万tce。

（3）工业部门实现节能量约为2683万tce。 与2016年相比，2017年制造业14种产品单位能耗下降实现节能量约1014万tce。据推算，制造业总节能量约为1444万tce，工业部门实现节能量约为2683万tce。

2.1 综述

工业部门一直在我国能源消费中占主导位置，2016年，我国终端能源消费量为31.87亿tce，其中，工业终端能源消费量为20.65亿tce，占终端能源消费总量的比重为64.8%；交通运输占11.6%；农业占2.1%[1]。其中，黑色金属冶炼和压延加工业，有色金属冶炼和压延加工业，非金属矿物制品业，石油加工、炼焦和核燃料加工业，化学原料和化学制品制造业等制造业与电力、煤气及水生产和供应业的终端能源消费量占工业总能耗的比重分别为31.0%、5.2%、13.4%、7.5%、19.0%、3.9%，总计约为80%，本章将针对这些重点行业逐一深入分析。

2017年工业部门淘汰落后产能、节能减排工作继续加快推进，通过技术创新、淘汰落后、循环利用、流程优化、产业集中、政策管理、智能转型等多措并举，工业节能工作取得新进展，主要高耗能工业产品综合能耗下降。例如，铜冶炼综合能耗为321kgce/t，比上年下降4.8%；钢综合能耗为890kgce/t，比上年下降0.1%；烧碱综合能耗为862kgce/t，比上年下降1.9%；合成氨综合能耗为1463kgce/t，比上年下降1.5%；墙体材料综合能耗为430kgce/万块标准砖，比上年下降1.6%；平板玻璃综合能耗为12.4kgce/重量箱，比上年下降3.1%。

2.2 制造业节能

2.2.1 钢铁工业

（一）行业概述

(1) 行业运行。

年度去产能任务超额完成。2017年，全国压减粗钢产能超过5000万t，超

[1] 电力、热力按当量热值折算。

额完成全年目标。“十三五”前两年，钢铁行业已完成去产能超过1.15亿t，已达到“十三五”去产能目标值（1亿～1.5亿t）的底线。除此之外，全国还清除了1.4亿t“地条钢”产能。产能利用率升至77.0%，较2016年底提高4.0个百分点。钢铁行业的去产能任务已基本完成，行业将进入“后去产能”时代。

生产/消费持续增长，供需平衡态势仍较脆弱。受国民经济稳中向好带动，2017年，全国粗钢产量快速增长，达到8.31亿t[❶]，同比增长2.9%，增速同比提高2.5个百分点，国内粗钢表观消费7.4亿t，同比增长8.3%[❷]。中国仍是世界最大的粗钢生产和消费国，产量和消费量分别占世界的49.2%和49.4%。2000年以来我国粗钢产量及增长情况见图1-2-1。钢材（含重复材）产量10.5亿t，同比减少0.2%，增速下降1.5个百分点，2000年以来我国钢材产量及增长情况见图1-2-2。

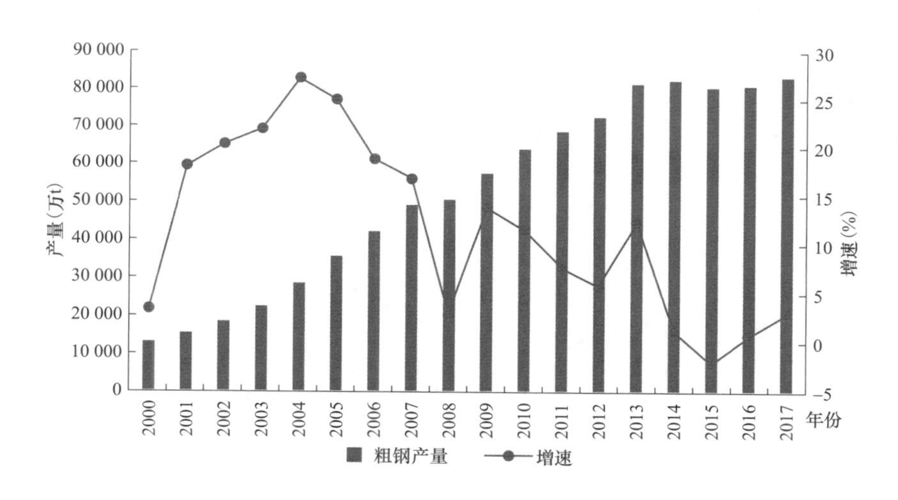

图1-2-1　2000—2017年我国粗钢产量及增长情况

钢材进口量缓慢增长，出口量大幅下降。2017年，受贸易摩擦影响，我国出口钢材7541万t，同比减少30.5%[❸]，连续两年出口量下降，对化解国内钢

❶ 不含台湾地区钢铁企业数据，下同。

❷ 数据来源：《世界钢铁统计数据2018》。

❸ 数据来源：海关总署。

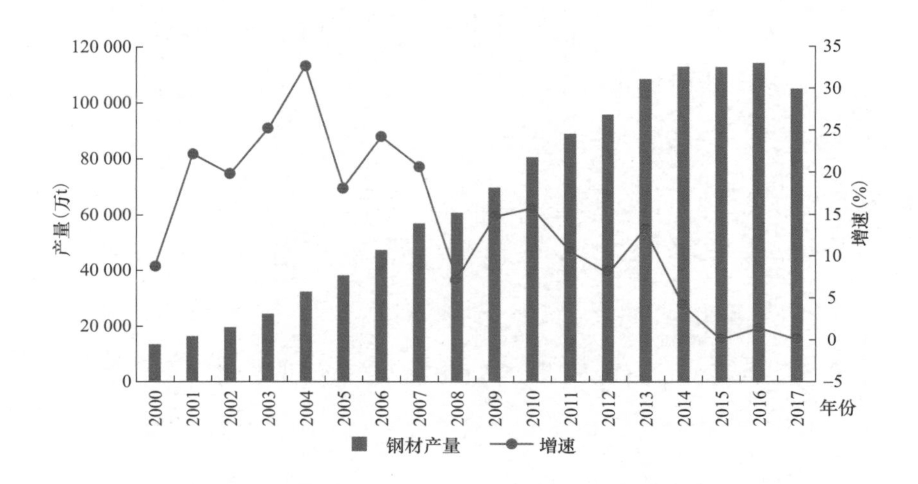

图 1-2-2　2000—2017 年我国钢材产量及增长情况

铁产能过剩造成了压力。但同时，出口金额为 545 亿美元，与上年持平。2017 年钢材进口量为 1330 万 t，同比增长 0.6%，增速较上年下降 2.8 个百分点。进口金额为 152 亿美元，同比增长 15.3%。我国钢材进出口量及增速年度走势见图 1-2-3 和图 1-2-4。

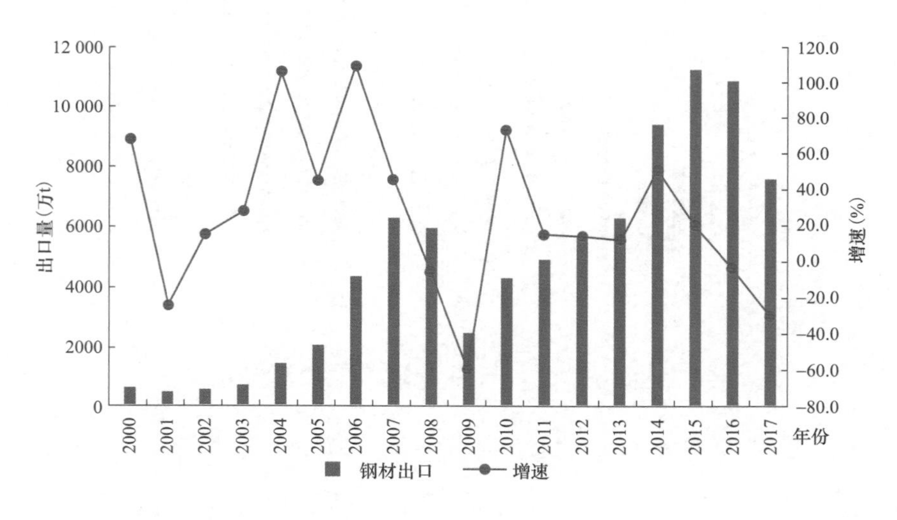

图 1-2-3　2000—2017 年我国钢材出口量及增速

钢铁行业经营状况总体良好。2017 年随着钢铁去产能工作的持续推进和市场需求的明显回升，钢材价格震荡上涨，截至 2017 年 12 月底，中国钢材价格

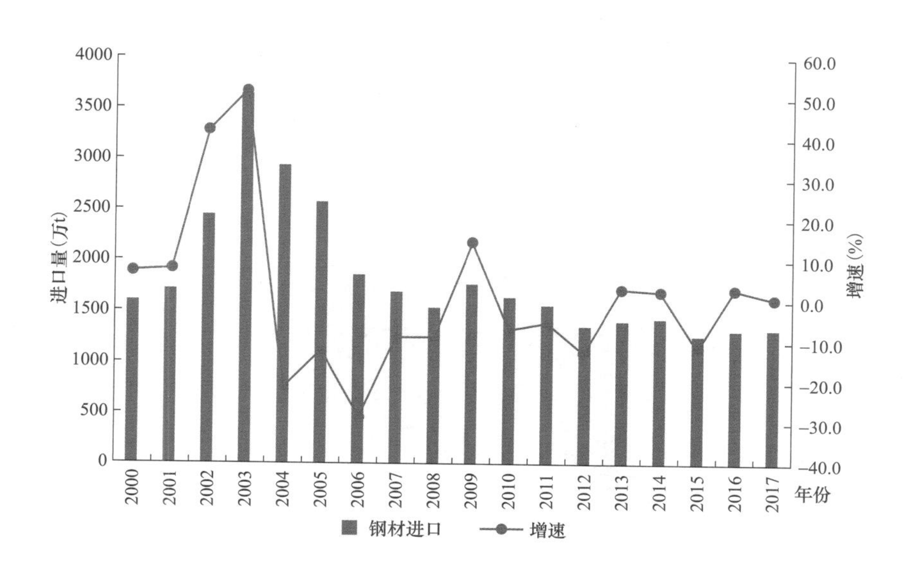

图 1-2-4　2000—2017 年我国钢材进口量及增速年度走势

指数为 121.8，较上年同期上升 22.4%。黑色金属冶炼及压延加工业实现营业收入 7.0 万亿元，同比增长 22.0%；累计盈利 3419 亿元，同比增长 177.8%。2015—2017 年分月国际、国内钢材综合价格指数如图 1-2-5 所示。

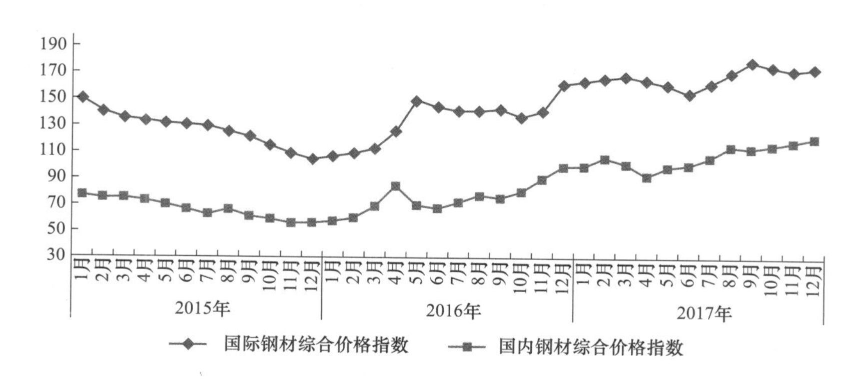

图 1-2-5　2015—2017 年分月国际、国内钢材综合价格指数

(2) 能源消费。

2017 年，全国重点统计的钢铁会员企业总能耗为 26 442 万 tce，同比增长 3.97%；吨钢综合能耗 570.5kgce/t，同比减少 2.2%，吨钢可比能耗 4975kgce/t，同比减少 3.99%，吨钢耗电 468.3kW·h/t，同比减少 1.59%。

（二）主要节能措施

钢铁行业的全流程节能主要包括炼焦、烧结、炼铁、炼钢、轧钢和能源公辅六个环节。

（1）炼焦环节。

炼焦煤调湿风选技术。改变传统流化床结构，使煤料在设备内处于流化状态并呈螺旋线前进，延长煤料在设备内与热风接触的时间，从而完成粒度分级及适度干燥处理的工艺过程，并保持处理后的煤料水分基本恒定。设备排出的气体经由保温管道送入除尘地面站进行粉尘捕集处理，净化后的气体达标排放。

邯宝集团焦化厂采用煤调湿风选技术后，每年节省能源 36 116tce。节能改造投资额为 13 000 万元，投资回收期为 6.38 年，回收期期间每年可创效益 5016 万元。

（2）烧结环节。

烧结余热能量回收驱动技术（SHRT 技术）。将烧结余热能量回收发电技术与电动机拖动的烧结主抽风机驱动系统集成配置，使得烧结余热汽轮机、烧结主抽风机以及同步电动机同轴串联布置，形成烧结余热与烧结主抽风机能量回收三机组（SHRT）。

山西通才工贸与盐城市联鑫钢铁投资 5000 万元建设规模为 $328m^2$ 的冶金烧结等低品位热能回收及烧结主抽风机，回收功率为 5000kW。机组投运后，电动机电流从 380A 降至 200A，回收余热能量为 3200kW。当蒸汽正常后，可回收余热能量 5400kW，年节能量达 13 824tce，年碳减排量 36 495t。

（3）炼铁环节。

煤气透平与电动机同轴驱动高炉鼓风机技术。BPRT 技术提出了煤气透平和高炉鼓风机同轴的技术解决方案。由于煤气透平和高炉鼓风机都是旋转机械，用煤气透平直接驱动高炉鼓风机，将两台旋转机械装置组合成一台机组，既能向高炉供风，又能回收煤气余压、余热。BPRT 机组兼备两套机组的功能，又使原有的庞大系统简化合并，取消发电机，合并自控、润滑油、动力油系统等，并将回收的能量直接补充到轴系上，避免能量转换的损失，可提高装置效率，减少环境污染和能量浪费，稳定炉顶压力，改善高炉生产条件，降低产品成本。

霸州新利钢铁有限公司技改投资额约 3000 万元，建设期 2 年。项目建成后，每年按 8000h 运行时间计算，年可回收电能 6720 万 kW·h，年节约 27 149tce，年减排 CO_2 67 682t，节能经济效益 3360 万元，投资回收期约 1 年。

(4) 轧钢。

预混式二次燃烧节能技术。预混式二次燃烧节能减排技术是让一部分空气与燃气在预混合腔内进行预混和碰撞，形成含氧的可燃气体后喷出燃烧，二次空气可以调节热气流的射程，同时也可以使未燃尽的燃气完全燃烧。这种燃烧技术可以将空气过剩系数控制在 1.05～1.20 的范围内，而传统的扩散式燃烧系统由于不能良好控制燃料和空气的配比，使得空气过剩系数在 1.6～1.8 的范围内，造成了大量的排烟热损失。

(5) 能源公辅。

钢铁行业能源管控技术。能源管理中心借助于完善的数据采集网络获取管控需要的过程数据，经过处理、分析、预测和结合生产工艺过程的评价，在线提供能源系统平衡信息或调整决策方案，使平衡调整过程建立在科学的数据基础上，保证了能源系统平衡调整的及时性和合理性，使钢铁联合企业生产工序用能实现优化分配及供应，从而保证生产及动力工艺系统的稳定和经济、提高二次能源利用水平，并最终实现提高整体能源效率的目的。预计未来 5 年，该技术在行业内的推广潜力可达到 60%，预计投资总额 10 亿元，节能能力 270 万 tce/年，减排 CO_2能力 713 万 t/年。

邯郸钢铁集团有限责任公司定位于建设集东、西区生产管控、物流管控、能源管控多调合一的高度集成管理模式，搭建公司能源管控信息化平台，实现公司能源、生产、物流管理的可视化、集成化、操控智能化、能效最大化。在公司工序能耗降低、提高自发电比例、CO_2减排优化等方面发挥重要的作用。通过改造数据采集、实时调控、实时数据平台的建立、实时数据再现、历史数据的分析、报表生成、Web 服务、能源数据分类查询、能源量参数分类统计、优化分析、平衡预测等功能，最终通过与 ERP 及 MES 接口网络实现与 ERP 及 MES 的数据信息交换。邯钢管控中心系统研发与应用，立足于结合邯钢现有技术和信息化平台，在技术提供单位软件框架基础上自主创新，开发和应用了河北省首家集物流、信息流和能源流“三流合一”的管控系统平台。采用该技术后，每年可节约 10 000～50 000tce。节能改造投资额为 3000 万～8000 万元，项目实施后，累计取得经济效益 4708.4 万元/年，该项目按设计方案的总投资为 9000 万元，投资回收期为 2.5 年。

（三）节能成效

节能环保再上新台阶，主要污染物排放和能源消耗指标均有所下降。2017 年钢铁工业能源消费总量约 7.4 亿 tce[1]，全国钢铁企业吨钢综合能耗约为 890kgce/t，同比减少 0.9%；全国重点钢铁企业吨钢综合能耗同比减少 2.2%，吨钢可比能耗同比减少 4.0%。历年钢铁工业的总产量、能源消费量、综合能耗见表 1-2-1。

从分工序能耗来看，2017 年，重点统计的钢铁会员企业在烧结、球团、转

[1] 电力按发电煤耗法折算。

炉炼钢和钢加工工序方面能耗均较上年下降，同比减少 0.06%、2.81%、3.96%和 1.73%。焦化、炼铁和电炉炼钢工序能耗较上年略有上升，同比增长 2.58%、0.03%和 4.53%。

从用水情况来看，2017 年，重点统计钢铁企业用水总量比 2016 年增长 5.75%。其中：取新水量同比增长 2.86%，重复用水量同比增长 5.81%。水重复利用率同比提高 0.06 个百分点。吨钢耗新水量同比减少 5.27%。

从污染物排放来看，2017 年，重点统计钢铁企业外排废水量同比增长 3.1%。其中，化学需氧量、挥发酚、悬浮物、石油类排放量同比分别减少 2.96%、9.43%、9.66%、6.18%；氨氮、总氰化物排放量同比分别增长 6.64%、16.1%。废气排放量同比增长 2.81%。其中，二氧化硫排放量同比减少 3.69%，烟粉尘排放量同比减少 7.34%。吨钢二氧化硫排放量同比减少 11.69%，吨钢烟粉尘排放量同比减少 11.37%。

从固体废弃物资源利用情况看，2017 年，重点统计钢铁企业钢渣产生量同比增长 6.81%。其中，高炉渣产生量同比增长 2.83%，含铁尘泥产生量同比增长 5.68%。钢渣利用率比上年下降 1.2 个百分点，高炉渣利用率比上年下降 0.56 个百分点，含铁尘泥利用率比上年提高 0.36 个百分点。

从可燃气体利用来看，2017 年，重点统计钢铁企业高炉煤气、转炉煤气和焦炉煤气产生量同比分别增长 4.73%、10.57%和 3.53%。高炉煤气、转炉煤气和焦炉煤气利用率比上年同期分别提高 0.08、0.99 和 0.61 个百分点。

根据 2017 年钢铁产量测算，由于吨钢综合能耗的下降，钢铁行业 2017 年较 2016 年实现节能约 672 万 tce。2011—2017 年钢铁行业主要产品产量及能耗指标见表 1-2-1。

表 1-2-1　2011—2017 年钢铁行业主要产品产量及能耗指标

年份	2011	2012	2013	2014	2015	2016	2017
产量（Mt）	689.3	723.9	779.0	822.7	803.8	808.4	831.4
能源消费量（Mtce）	649	674	719	751	723	726	740

续表

年份	2011	2012	2013	2014	2015	2016	2017
用电量（亿 kW·h）	5312	5134	5494	5578	5057	4882	4964
吨钢综合能耗（kgce/t）	942	940	923	913	899	898	890

数据来源：国家统计局，《中国统计年鉴 2018》；国家发展改革委；钢铁工业协会；中国电力企业联合会。

注 综合能耗中的电耗按发电煤耗法折算标准煤，代表全国行业平均水平。

2.2.2 有色金属工业

有色金属通常是指除铁和铁基合金以外的所有金属，主要品种包括铝、铜、铅、锌、镍、锡、锑、镁、汞、钛等十种。其中，铜、铝、铅、锌产量占全国有色金属产量的 90%以上，被广泛用于机械、建筑、电子、汽车、冶金、包装、国防等领域。

（一）行业概述

(1) 行业运行。

2017 年，我国有色金属行业总体呈稳定运行势头，产品产量保持稳定，增速略有上升。全年十种有色金属产量 5378 万 t，比上年增长 3.0%，增速上升 0.5 个百分点。其中，精炼铜、原铝、铅、锌产量分别为 889 万、3227 万、472 万、622 万 t，同比分别增长 7.7%、1.6%、9.7%、-0.7%[1]。2000 年来十种有色金属的产量、增速见图 1-2-6。

2017 年有色金属行业效益明显改善。有色产品价格趋稳向好，国内主要有色金属价格同比大幅提升。铜、铝、铅、锌现货年均价分别为 49 256、14 521、18 366、24 089 元/t，同比分别增长 29.2%、15.9%、26.0%、42.8%。规模以上有色金属工业企业实现主营业务收入 6.04 万亿元，同比增长 13.8%；实现利润 2551 亿元，同比增长 27.5%；其中，采选、冶炼、加工利润分别为 527 亿、953 亿、1071 亿元，同比分别增长 23.5%、51.8%、13.2%。

---

[1] 产品产量数据来源于工信部，http：//www.miit.gov.cn/n1146285/n1146352/n3054355/n3057569/n3057578/c5537411/content.html。

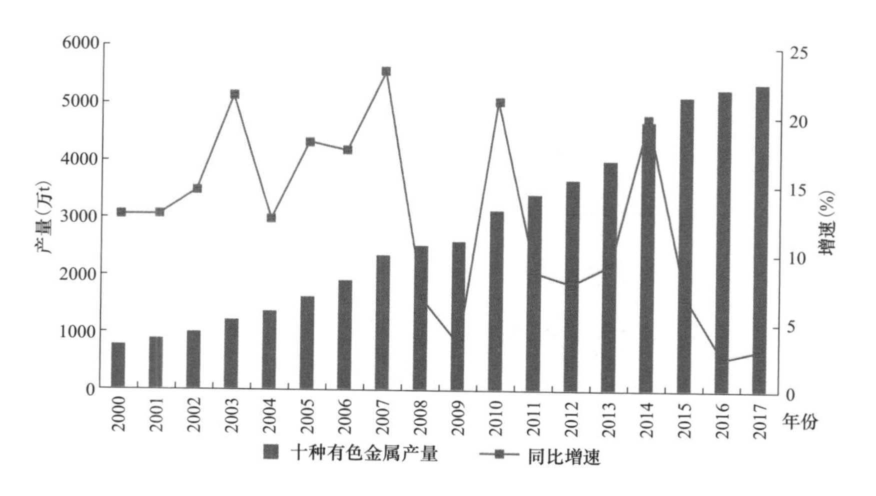

图 1-2-6　2000—2017 年有色金属主要产品产量变化

2017 年，我国有色金属行业投资下降。有色金属工业（含独立黄金企业）完成固定资产投资 6148 亿元，同比下降 6.9%，已连续两年下降。

（2）能源消费。

有色金属是我国主要耗能行业之一，是推进节能降耗的重点行业。2016 年我国有色金属工业能源消费 2.11 亿 tce，占全国能源消费总量的 4.8%，比 2015 年下降 0.1 个百分点；占工业行业耗能量比重为 7.6%，比 2014 年提高 0.3 个百分点❶。

有色金属行业的能源消费结构以电力为主。按电热当量法计算，2016 年电能占有色金属行业终端能源消费总量的比重为 66.3%，比 2015 年提高了 1.5 个百分点。

从用能环节上看，有色金属行业的能源消费集中在冶炼环节，约占行业能源消费总量的 80%。其中，铝工业（电解铝、氧化铝、铝加工）占有色金属工业能源消费量的 80%左右。

（二）主要节能措施

（1）淘汰落后和化解过剩产能，推进结构节能。

淘汰落后产能是落实供给侧改革，推进结构节能的重要途径。“十三五”

❶　数据来源于《中国能源统计年鉴 2017》。

是我国有色金属工业转型升级、提质增效，迈入世界有色金属工业强国行列的关键时期，仍需积极运用环保、能耗、技术、工艺、质量、安全等标准，依法淘汰落后和化解过剩产能。

继煤炭、钢铁去产能收获成效后，2017 年电解铝行业成为供给侧改革的重点领域之一。而电解铝产能过剩是以低端产能过剩、高端产能不足为特点的结构性过剩。2017 年 4 月，国家发展改革委、工业和信息化部、国土资源部和环境保护部四部委联合发布《清理整顿电解铝行业违法违规项目专项行动工作方案的通知》（发改办产业〔2017〕656 号文件，简称 656 号文），将用 6 个月时间，通过企业自查、地方核查、专项抽查、督促整改 4 个阶段，全面完成电解铝违规违法项目清理整顿工作。2017 年 10 月，工信部在《工业和信息化部关于印发部分产能严重过剩行业产能置换实施办法的通知》（工信部产业〔2015〕127 号）的基础上，印发了《关于企业集团内部电解铝产能跨省置换工作的通知》（工信厅原〔2017〕101 号）进一步简化产能置换程序。

（2）研发和应用新技术。

2017 年，有色金属行业共 6 项成果获得国家科技进步奖。其中，由西北有色金属研究院主要完成的“高性能金属粉末多孔材料制备技术及应用”项目获得技术发明二等奖。由河南科技大学、中南大学、北京有色金属研究总院等主要完成的“高强高导铜合金关键制备加工技术开发及应用”项目，由北京有色金属研究总院、北京康普锡威科技有限公司主要完成的“球形金属粉末雾化制备技术及产业化”项目，由内蒙古大唐国际再生资源开发有限公司、大唐国际发电股份有限公司主要完成的“高铝粉煤灰提取氧化铝多联产技术开发与产业示范”项目，由多氟多化工股份有限公司主要完成的“锂离子电池核心材料高纯晶体六氟磷酸锂关键技术”项目，由中国地质调查局发展研究中心、中国地科院地质力学研究所、南京大学、中科院地质与地球物理研究所、河南省地质矿产勘查开发局第一地质矿产调查院、湖南省湘南地质勘察院、北京矿产地质研究院主要完成的“全国危机矿山接替资源勘查理论创新与找矿重大突破”项目等分别获得科技进步二等奖[1]。

“战略有色金属大型节能冶炼技术与装备”项目顺利通过验收

2017年6月19日，国家科技部863计划资源环境技术领域办公室在北京组织召开了由北京矿冶研究总院负责的“战略有色金属大型节能冶炼技术与装备”项目技术验收会。

“战略有色金属大型节能冶炼技术与装备”项目围绕我国紧缺的铜、锌、锑、镍、钴、钼和镁等有色金属资源的开发利用需求，研发战略有色金属大型节能冶炼技术与成套装备，以提高我国冶金技术装备水平，促进有色金属工业可持续发展。项目以矿冶总院为牵头单位，联合中国瑞林工程技术有限公司、四川康西铜业有限责任公司、昆明理工大学、杭州三耐环保科技有限公司、华东理工大学等单位共同申报，发挥各自优势，实现团队强强联合、优势互补，产学研用紧密融合。

项目组以强化冶金、高效节能和清洁生产3个方向进行了重点研究，共设置7个研究课题，分别开展了立式多级耦合加压釜、新一代侧吹熔池熔炼、大尺度微波冶金研究、新型闪速冶金炉、锌冶金熔铸大功率感应电炉研究以及新型镍钴电解槽及酸雾控制、金属盐类分解与循环利用等技术研究，项目共开发出7项新技术和7套新装备。其中15m^{2}铜双侧吹熔池熔炼炉在江铜集团康西冶炼厂等企业实现工业应用，世界上最大的2000kW熔锌感应炉在江铜集团、西部矿业、陕西锌业等企业得到推广应用；大功率微波炉在中核集团272厂实现工业应用；立式耦合加压釜、新型密闭电解槽、水氯镁石和钼酸铵热解装置制造出了样机，并完成了放大或工业规模试验研究。项目成果的推广应用，突破了对国外依赖性强、制约我国有色金属可持续发展的关键设备，对提高我国有色冶炼技术装备国产化水平，

[1] 信息来源于中国有色金属网。

打破国际市场垄断，提高国内复杂矿产资源利用和支撑国内企业开发国外资源具有重要战略意义。

资料来源：《有色金属材料与工程》，2017年，第38卷第4期。

（3）大力发展再生金属产业。

有色金属材料生产工艺流程长，从采矿、选矿、冶炼以及加工都需要消耗能源。与原生金属相比再生有色金属的节能效果最为显著，再生铜、铝、铅、锌的综合能耗分别只是原生金属的18%、45%、27%和38%。与生产等量的原生金属相比，每吨再生铜、铝、铅、锌分别节能1054、3443、659、950kgce。发展再生有色金属对大幅降低有色金属工业能耗具有重要意义。2017年，我国再生铝、再生铜、再生锌产量分别为620.0万、230.1万、37.19万t[1]。

（4）推广重点节能低碳技术。

《2017国家重点节能低碳技术推广目录》中涉及有色金属行业的技术约24项，其中仅4项技术当前推广比例超过20%，有8项技术的推广比例不超过1%。其中，低温低电压铝电解新技术、粗铜自氧化精炼还原技术、高电流密度锌电解节能技术、节能高效强化电解平行流技术在行业内的推广潜力不低于50%。

以当前推广比例最高的氧气底吹熔炼技术为例（推广比例为25%），该技术采用氧气底吹熔炼技术取代铅烧结鼓风炉工艺，实现自热熔炼，大幅度提高冶炼强度，显著降低能耗。氧气底吹熔炼技术自2002年第一条生产线投产以来，不断完善和提升，在原料适应性、节能减排、清洁生产等方面取得了显著的成绩。目前该技术每年可实现节能量3万tce，减排CO_2约7.92万t。预计未来5年，该技术在行业内的推广潜力可达到45%，预计投资总额6亿元，每年实现节能能力10万tce，减排CO_2约26万t。

---

[1] 再生金属产量数据来源于国家统计局。

(5) 推行绿色制造。

绿色制造是工业转型升级的必由之路，有色金属是工业领域的重点行业。根据工信部《关于开展绿色制造体系建设的通知》要求，有色金属行业依托行业工业节能与绿色发展评价中心（中国恩菲），启动了有色行业绿色制造体系建设的方案研究制定工作，以建立健全节能和绿色发展服务体系，增强绿色服务能力。同时，14 家有色企业入选 2017 年第一批绿色制造体系示范名单。

（三）节能成效

为贯彻日趋严格的环保指标，环保设备的运行增加了生产用电量，2017 年我国铝锭综合交流电耗为 13 577kW•h/t，比上年下降了 22kW•h/t；比国际先进水平 2015 年的电耗水平高 699kW•h/t 左右。铜冶炼能耗下降明显，按发电煤耗法折算，2017 年我国铜冶炼综合能耗为 321kgce/t，比上年下降 4.8%。2010—2017 年有色金属行业主要产品产量及能耗情况，见表 1-2-2。

表 1-2-2　有色金属行业主要产品产量及能耗指标

年份	2010	2015	2016	2017
十种有色金属产量（Mt）	31.21	51.55	52.83	53.78
铜	4.59	7.96	8.44	8.89
铝	15.77	31.41	31.87	32.27
铅	4.26	3.85	4.67	4.72
锌	5.16	6.15	6.27	6.22
用电量（亿 kW•h）	3169	5378	5453	5465
电解铝交流电耗（kW•h/t）	13 979	13 562	13 599	13 577
铜冶炼综合能耗（kgce/t）	500	372	337	321

数据来源：国家统计局；国家发展改革委；有色金属工业协会；中国电力企业联合会。

注　综合能耗中的电耗按发电煤耗法折算标准煤，代表全国行业平均水平。

2017 年，根据当年产量测算，电解铝节能量为 20.9 万 tce，铜冶炼节能量为 14.2 万 tce。

2.2.3 建材工业

建材工业是生产建筑材料的工业部门，是重要的基础设施原材料工业，细分门类众多，产品十分丰富，包括建筑材料及制品、非金属矿物及制品、无机非金属新材料等三大门类，涉及建筑、环保、军工、高新技术和人民生活等众多领域。改革开放以来，在我国所创造的“经济奇迹”和“基础设施奇迹”中建材工业发挥了非常重要的支撑作用。本报告所关注的建材工业主要是建材工业中的制造业部门，主要产品包括水泥、石灰、砖瓦、建筑陶瓷、卫生陶瓷、石材、墙体材料、隔热和隔声材料以及新型防水密封材料、新型保温隔热材料、装饰装修材料等，共约有20多个行业细分门类、1000多种类型产品。其中，建材行业最具代表性的产品是水泥和平板玻璃，两种产品产量大、产值多、细分产品种类丰富、应用范围十分广泛。

（一）行业概述

1. 行业运行

（1）建材行业经济效益大幅改善。2017年，非金属矿物制品业实现营业收入6.2万亿元，同比增长9.4%；利润总额4447亿元，同比增长20.5%，较上年同期上升9.3个百分点。其中水泥行业整体效益同比得到大幅提升，全行业实现收入9149亿元，同比增长17.9%；实现利润总额877亿元，同比增长94.4%。利润总额位居历史第二位，仅次于2011年1020亿元的历史最高点。

（2）建材主要产品产量保持平稳。2017年，全国水泥产量23.3亿t，同比减少3.3%；平板玻璃产量8.4亿重量箱，同比增长3.5%；钢化玻璃、夹层玻璃、中空玻璃产量同比分别增长3.8%、10.3%和9.4%；建筑陶瓷产量101.5亿m^2，同比减少1.2%。2005年以来全国水泥、平板玻璃产量分别如图1-2-7和图1-2-8所示。

（3）建材产品平均出厂价格明显上涨。2017年，建材产品均价同比上涨8.2%，扭转连续两年下降趋势。其中水泥价格涨幅明显，12月当月水泥出厂均价384元/t，同比上涨26%。平板玻璃价格稳中有升，9月份以来连续上涨，12月当月出厂均价同比上涨8.5%。

（4）主要产品出口呈下降趋势。2017 年，水泥及水泥熟料出口 1286 万 t，同比减少 27.9%；平板玻璃出口 2.1 亿 m^2，同比减少 7.2%；陶瓷制品出口 2342 万 t，同比减少 0.2%。

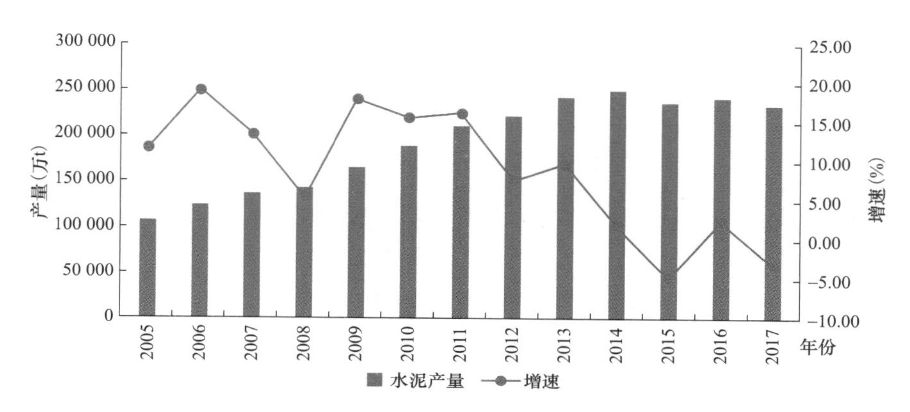

图 1-2-7 我国水泥产量及增长情况

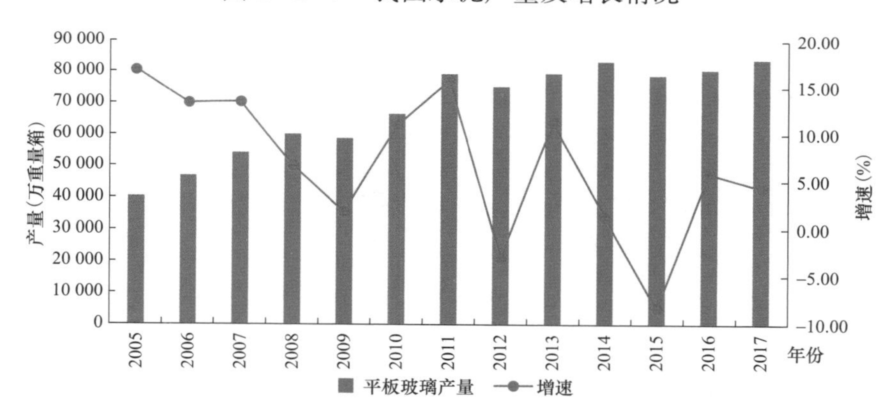

图 1-2-8 我国平板玻璃产量及增长情况

2. 能源消耗

2016 年我国建材工业能源消费总量约 3.29 亿 tce，同比减少 4.8%，占工业能源消费总量的 11.3%，同比下降 0.5 个百分点。事实上，由于一些非建材工业企业在产品生产过程中制造了大量的水泥、建筑石灰和墙体材料等建材工业产品，这些产品生产所消耗的能源并没有被纳入建材工业能耗的统计核算范围之中，使得建材工业的实际能源消费被严重低估。

建材工业中水泥、平板玻璃、石灰制造、建筑陶瓷、砖瓦等传统行业增加值占建材工业50%～60%，单位产品综合能耗在2～14tce之间，能源消耗总量占建材工业能耗总量的90%以上；玻璃纤维增强塑料、建筑用石、云母和石棉制品、隔热和隔声材料、防水材料、技术玻璃等行业单位产品综合能耗低于1tce，能耗占建材工业能耗总量的6%左右。我国主要建材产品产量及能耗情况，见表1-2-3。

表1-2-3　　我国主要建材产品产量及能耗

类别（单位）		2011年	2012年	2013年	2014年	2015年	2016年	2017年
主要产品产量	水泥（亿t）	20.6	21.8	24.1	24.8	23.5	24.0	23.3
	墙体材料（亿块标准砖）	10 500	11 800	11 700	11 980	11 958	11 900	11 850
	建筑陶瓷（亿 m^2）	87	94	97	102.3	101.8	101.4	101
	平板玻璃（万重量箱）	73 800	71 416	77 898	79 261	73 862	77 403	79 024
产品能耗	水泥（kgce/t）	134	129	127	126	125	123	123
	平板玻璃（kgce/重量箱）	14.8	14.5	14	13.6	13.2	12.8	12.4

注　1. 产品能耗中的电耗按发电煤耗折算成标准煤。
2. 标准砖尺寸为240mm×115mm×53mm，包括10mm厚灰缝，长宽厚之比为4∶2∶1。
3. 厚2mm的平板玻璃×10m^2为1重量箱。

数据来源：《2017中国统计年鉴》；《中国能源统计年鉴2016》；王庆一，《能源数据2017》。

（二）节能措施

1. 水泥行业新工艺

高固气比水泥悬浮预热分解技术。**技术原理：** 通过提高系统内固体物料与气流的质量比，达到提高系统热效率、增强系统热稳定性的效果。**工艺流程：** 水泥原料通过计量装置，定量喂入高固气比预热器系统的顶层预热单元，在各级各列预热单元内逐次与废烟气热交换，粉体物料预热至780℃以上；进入外循环式高固气比分解炉系统，在悬浮态下完成碳酸盐的分解。通过五级旋风分离器气固分离后，物料进入回转窑内煅烧成熟料，经冷却机冷却破碎后由输送机送至熟料库。气体流向为冷空气由风机送入冷却机，在冷却熟料的同时，二次空气预热至1100℃以上，进入回转窑，三次空气预热至900℃以上，进入外循环式高固气比分解炉，经煤粉燃烧后变成热烟气，进入预热器系统，分两列与物料逐级热交换，换热后的烟气温度降至 260℃左右，由高温风机抽出，送至原料制备车间，用作原料烘干热源。

新型干法水泥窑生产运行节能监控优化系统技术。技术原理：利用气体采样装置采集水泥窑炉废气，根据废气成分计算燃烧状态和能源消耗并利用专家系统提供操作指导。集成 3G、SHDSL、ZigBee 等通信技术，构建包括生产现场、中控室、数据中心和数据用户的大规模节能减排监测网络，将采样原始数据和分析结果发布到网络上；以多种形式的媒体承载信息，使企业技术和管理人员能够用计算机、掌上电脑和移动电话等各种终端装置随时、随地、随身获取所需要的最新信息，并根据这些信息调控生产工艺参数。

建设单位：冀东水泥有限公司唐山一厂。

建设规模：4500t/天新型干法水泥生产线。

主要技改内容：窑尾烟室安装高温气体分析装置，预热器出口安装中温气体分析装置，现场安装数据采集器和工控机，中控室安装工控机，数据中心安装服务器。现场工控机和中控室工控机之间通过企业局域网通信，中控室和数据中心通过互联网通信，主要设备包括气体采样装置，气体分析仪、工控机（2 台），数据采集器，服务器。

成本：节能技改投资额 98 万元，建设期 1 个月。

成效：每年可节能 13 500tce，年节能经济效益为 800 万元，投资回收期 2 个月。

2. 玻璃行业新工艺

钛纳硅超级绝热材料保温节能技术。玻璃窑炉的炉体保温材料一般为轻质保温砖、磷酸盐珠光体、珍珠岩等，这些保温材料的导热系数较高，通常在 0.05W/（m•K）（常温）以上，即使使用厚度较大，散热量仍然很大。玻璃窑炉体散热量可占玻璃熔化总能耗的 1/3。而美国、日本等发达国家仅通过提高保温材料性就能取得约 30％的节能效果，与国外先进水平相比，我国璃窑炉能耗比国外高30%左右。预计未来5年，可在浮法玻璃行业推广50条生产线，建筑陶瓷行业推广5000条生产线，有色金属、钢铁等行业可推广20%，可形成的年节能能力为25万tce，年减排CO_2能力约66万t。

建设单位：海南中航特玻材料有限公司。

建设规模：550t/年高档浮法玻璃生产线窑炉节能保温工程。

主要技改内容：采用了钛纳硅技术为核心的组合保温技术，对窑炉的熔化部大碹、澄清部大碹、蓄热室大碹、蓄热室墙体、胸墙、小炉等部位，保温总面积871m^2，钛纳硅超级绝热材料使用2613m^2。保温前单耗2164kcal/kg玻璃液，保温后为2096kcal/kg玻璃液，节能率3.14%。

成本：节能技改投资额310万元，建设期1个月。

成效：每年可节能1948tce，年节能经济效益为426万元，投资回收期10个月。

浮法玻璃炉窑全氧助燃装备技术。目前我国浮法玻璃生产线有270多条，单线产量从300～1200t/天不等。以熔化能力每日600t，燃料为天然气浮法玻璃窑炉为例，日耗天然气量为$11.0\times10^4 m^3$（标况下），日排CO_2 238t，SO_2为0.552t，NO_x为0.86t，不仅能耗偏高，也对环境造成了一定程度的污染。目前该技术可实现年节能量4万tce，减排CO_2约11万t。

建设单位：山东金晶节能玻璃有限公司。

建设规模：600t/日浮法玻璃生产线。

主要技改内容：改造双高空分设备、氧气天然气主盘和流量控制盘、0号枪位置窑炉开孔。主要设备为双高空分设备、氧气燃料流量控制系统、0号氧枪及配套喷嘴砖等。

成本：节能技改投资额700万元，建设期6个月。

成效：每年可节能4200tce，投资回收期1年。

3. 陶瓷行业新工艺

大规格陶瓷薄板生产技术。陶瓷砖生产是高能耗、高污染产业，多年来一直是国家严控的产业。目前我国陶瓷行业年消耗相关原材料资源超过2.5亿t，消耗煤炭超过5000万t，并向环境排放大量的废气、废水、固体废弃物等。目前该技术可实现年节能量3万tce，减排CO_2约8万t。技术原理：采用新技术、新工艺、新方法实现陶瓷砖的薄型化生产，其厚度是传统陶瓷砖的1/3，实现了陶瓷生产过程节约原材料资源超过60%，整体节能超过40%，SO_2、CO_2等气体的排放减少近20%～30%。

建设单位：广东蒙娜丽莎陶瓷有限公司。

建设规模：日产量3500m^2。

主要技改内容：超薄陶质砖生产技术。

主要设备包括：墙地砖布料及模具系统；全自动液压压砖机；高效节能辊道窑；大规格陶瓷薄板抛光线；大规格陶瓷砖自动包装线，并配套相关的水电、能源、仓储、运输等条件。

成本：节能技改投资额1500万元，建设期4个月。

成效：每年可节能1962tce，投资回收期1.3年。

（三）节能成效

2017年，水泥、墙体材料、建筑陶瓷、平板玻璃产量分别为23.2亿t、11 850亿块标准砖、101.0亿m^2、7.9亿重量箱，产品单位能耗较2016年分别下降0.1kgce/t、7kgce/万块标准砖、0kgce/m^2、0.4kgce/重量箱；考虑各主要建材产品能耗的变化，根据2017年产品产量测算得出，建材工业由于主要产品单耗变化，2016年实现节能143万tce。2014—2017年建材行业主要产品能耗及节能量测算见表1-2-4。

表 1-2-4 建材工业节能量测算结果

类别		2014 年	2015 年	2016 年	2017 年	节能量
水泥	产量（万 t）	234 796	235 918	234 796	233 084	29
	产品综合能耗（kgce/t）	126	125	123	123	
墙体材料	产量（亿块标准砖）	11 980	11 958	11 900	11 850	83
	产品综合能耗（kgce/万块标准砖）	454	444	437	430	
建筑陶瓷	产量（亿 m^2）	102.3	101.8	101.4	101.0	0
	产品综合能耗（kgce/m^2）	7.0	7.0	7.0	7.0	
平板玻璃	产量/（亿重量箱）	7.93	7.39	7.74	7.90	32
	产品综合能耗（kgce/重量箱）	13.6	13.2	12.8	12.4	
节能量总计（万 tce）						143

注 1. 产品综合能耗中的电耗按发电煤耗折算标准煤。
2. 2017 年建筑陶瓷综合能耗为估计。

数据来源：国家统计局；国家发展改革委；工业和信息化部；中国建材工业协会；中国水泥协会；中国砖瓦工业协会；中国陶瓷协会；中国石灰协会。

2.2.4 石化和化学工业

我国石化工业主要包括原油加工和乙烯行业，化工行业产品主要有合成氨、烧碱、纯碱、电石和黄磷。其中，合成氨、烧碱、纯碱、电石、黄磷、炼油和乙烯是耗能较多的产品类别。

在生产工艺方面，**乙烯**产品占石化产品的 75%以上，可由液化天然气、液化石油气、轻油、轻柴油、重油等经裂解产生的裂解气分出，也可由焦炉煤气分出，或由乙醇在氧化铝催化剂作用下脱水而成。**合成氨**指由氮和氢在高温高压和催化剂存在下直接合成的氨：首先，制成含 H_2 和 CO 等组分的煤气；然后，采用各种净化方法除去灰尘、H_2S、有机硫化物、CO 等有害杂质，以获得符合氨合成要求的 1∶3 的氮氢混合气；最后，氮氢混合气被压缩至 15MPa 以上，借助催化剂制成合成氨。**烧碱**的生产方法有苛化法和电解法两种，苛化法按原料不同分为纯碱苛化法和天然碱苛化法；电解法可分为隔膜电解法和离子交换膜法。**纯碱**是玻璃、造纸、纺织等工业的重要原料，是冶炼中的助溶剂，制法有联碱法、氨碱法、路布兰法等。**电石**是重要的基本化工原料，主要用于产生乙炔气，也用于有机合成、氧炔焊接等，由无烟煤或焦炭与生石灰在电炉中共热至高温而成。

（一）行业概述

（1）行业运行。

2017 年，主要石油和化工产品产量增长分化。其中，原油加工量 5.68 亿 t，同比增长 5.0%，增速提高 2.2 个百分点；乙烯产量为 1822 万 t，同比增长 2.3%，增速下降 1.6 个百分点；烧碱产量为 3329 万 t，同比增长 4.0%，增速下降 2.0 个百分点；电石产量 2447 万 t，同比减少 5.5%，增速下降 9.7 个百分点；纯碱产量为 2767 万 t，同比增长 7.0%，增速提高 7.3 个百分点。主要农用化工产品产量继续下降，化肥总产量（折纯）为 5892 万 t，同比减少 11.1%；合成氨产量为 4946 万 t，同比减少 13.3%[1]。2010 年以来我国烧碱、乙烯产量情况，见图 1-2-9。

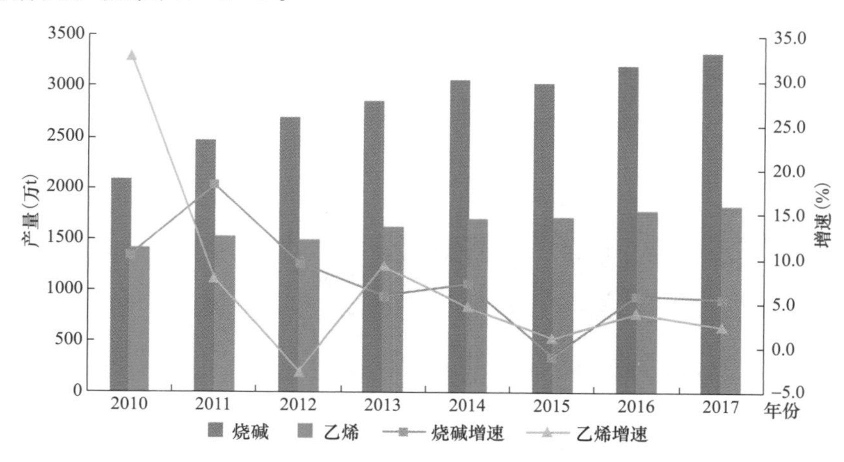

图 1-2-9　2010 年以来我国烧碱、乙烯产量增长情况

数据来源：《2018 中国统计年鉴》。

[1] 原油加工量、电石产量数据来自《2017 年 1—12 月中国石油和化工及相关产品产量》（中国石油和化工经济分析，2018 年第 2 期），其他数据来自《2018 中国统计年鉴》，下同。

2017年，面对复杂严峻的宏观经济形势和行业发展中错综交织的深层次矛盾，石油和化工行业按照党中央、国务院决策部署，坚持深化供给侧结构性改革，推进创新驱动和转型升级，行业经济运行保持稳中有进，稳中向好态势，主要经济指标增长好于预期。2017年，石油和化工行业累计实现主营业务收入13.78亿元，同比增长15.7%，为五年来最大增速；利润总额8462亿元，同比增长51.9%，连续三年下降后，再现增长势头；行业价格总水平连续五年下降后首现上涨。

（2）能源消费。

石化行业属于国民经济中高能耗的产业部门，其能耗占工业能耗的18%，占全国能耗的13%。行业内部的能源消费集中在包括能源市场加工和基本原材料制造的12个子行业部门，12个行业包括原油加工和石油产品制造、氮肥制造、有机化学原料制造、石油天然气开采、无机碱制造、塑料和合成树脂制造、合成纤维制造等。这些子行业能源消耗之和超过行业总消耗的90%。

2017年，石油和化工行业总能耗继续增长，且增速略有提升。全年行业总能耗同比增长1.6%，增速同比提高0.3个百分点，比较来看，2016年能耗增速为历史最低值。整体来看，我国石油和化工行业总能耗增速呈现下降趋势，但能耗总量增长趋势尚未根本改变。

在产业结构优化升级步伐加快的背景下，全行业万元工业增加值能耗和重点产品单位综合能耗继续下降。数据显示，2017年，我国吨原油加工量综合能耗同比下降0.44%，吨乙烯、合成氨、烧碱、纯碱、黄磷的综合能耗分别下降0.16%、1.53%、6.86%、0.95%和0.61%。

石化和化学工业主要耗能产品能源消费情况为：石化和化学工业主要耗能产品能源消费情况为：炼油耗能5144.0万tce，同比增长4.5%；乙烯耗能1531.5万tce，同比增长2.1%；合成氨耗能7237.7万tce，同比减少14.7%；烧碱耗能2869.1万tce，同比增长1.9%；纯碱920.9万tce，同比增长6.0%；电石802.6万kW·h，同比减少3.8%，见表1-2-5。

表 1-2-5　我国主要石油和化学工业产品产量及能耗

类别		2011 年	2012 年	2013 年	2014 年	2015 年	2016 年	2017 年
主要产品产量	炼油（Mt）	447.70	467.90	478.60	502.80	522.00	541.00	567.77
	乙烯（Mt）	15.28	14.87	16.23	16.97	17.15	17.81	18.22
	合成氨（Mt）	50.69	54.59	57.45	57.00	57.91	57.08	49.46
	烧碱（Mt）	24.66	26.98	28.54	30.59	30.28	32.02	33.29
	纯碱（Mt）	23.03	24.04	24.29	25.14	25.92	25.85	27.67
	电石（Mt）	17.38	18.69	22.34	25.48	24.83	25.88	24.47
产品能耗	炼油（万 tce）	4342.7	4351.5	4446.2	4676.0	4802.4	4923.1	5144.0
	乙烯（万 tce）	1367.6	1327.9	1426.2	1459.4	1464.6	1499.7	1531.5
	合成氨（万 tce）	7948.2	8472.4	8801.3	8778.0	8657.5	8482.5	7237.7
	烧碱（万 tce）	2614.0	2660.6	2774.2	2903.0	2716.3	2814.3	2869.1
	纯碱（万 tce）	884.4	903.9	818.7	844.7	852.8	868.6	920.9
	电石（万 kW·h）	633.9	628.0	764.8	833.7	820.1	834.4	802.6
节能技术	千万吨级炼油厂数（座）	20	21	22	23	24	24	26
	离子膜法占烧碱产量比重（%）	81.1	85.1	84.4	84.3	85.4	88.2	85.2
	联碱法占纯碱产量比重（%）	45	47	50	46	48	45	46.2

数据来源：国家统计局网站、中国石油和化工经济数据快报之产量分册；个别数据来自新闻报道。
注　产品综合能耗按发电煤耗折标准煤。

（二）主要节能措施

2017 年以来，我国继续大力推进“三去一降一补”的供给侧结构性改革，石油和化工行业按照国家政策坚持推进结构性调整，转变发展方式，各地区尤其是化工大省陆续关闭能耗和环保不达标的企业，大力推动化工行业消除低端无效供给，质量效益型企业在市场和资源上优势提升，带动整体行业能效继续提升。

（1）结构调整加快推进。化解产能过剩矛盾取得积极进展。我国继续大力推动供给侧结构性改革，各地区尤其是化工大省陆续关闭能耗和环保不达标企业，消除低端无效供给，行业集中度提升，整体能效提升；石油加工、乙烯、合成氨、烧碱、纯碱及黄磷等产业单位综合能耗均出现不同程度下降。

高端化、差异化、精细化水平进一步提升。生物基材料制造和生物基燃料加工业累计工业增加值同比大幅度增长，专业化学品和合成材料制造业累计完成工业增加值也呈现较高增速，整体来看，高附加值、高性能精细化学品市场呈现良好增长态势。

（2）节能管理继续加强。2017年5月，工信部发布《工业节能与绿色标准化行动计划（2017—2019年）》，指出要强化工业节能与绿色标准制修订，扩大标准覆盖面，加大标准实施监督和能力建设，健全工业节能与绿色标准化工作体系，明确提出到2020年在单位产品能耗水耗限额、产品能效水效、节能节水评价、再生资源利用、绿色制造等领域制修订300项重点标准，基本建立工业节能与绿色标准体系。标准的完善将为依法规范工业企业用能行为、推动工业节能和绿色发展提供重要依据。

党的十八届五中全会提出实行能源消耗总量和强度“双控”行动，国家“十三五”规划《纲要》明确了全国“双控”目标任务，提出实施重点用能单位“百千万”行动；国务院印发的《“十三五”节能减排综合工作方案》提出，开展重点用能单位“百千万”行动，按照属地管理和分级管理相结合原则，国家、省、地市分别对“百家”“千家”“万家”重点用能单位进行目标责任评价考核。2017年11月，发展改革委发布《关于开展重点用能单位“百千万”行动有关事项的通知》，对能耗总量和节能目标进行分解，并明确考核要求。

2017年，工信部发布两批绿色制造示范名单，包括镇海炼化在内的61家石化企业入选绿色工厂，16种可降解塑料、2种杀虫剂、3种铅酸蓄电池及58种家用洗涤剂入选绿色产品，高性能聚烯烃材料及制造绿色设计平台、高纯超细二氧化钛绿色关键工艺等一大批绿色制造项目获得国家相关财政资金支持。通过优秀企业评先，充分发挥先进绿色典型的示范作用，带动相关领域加快绿色制造体系建设。

为落实《国务院关于印发“十三五”节能减排综合工作方案的通知》要求，加快节能技术进步，引导用能单位采用先进适用的节能新技术、新装备、新工艺，促进能源资源节约集约利用，2018 年 2 月，发展改革委依据《节能低碳技术推广管理暂行办法》编制了《国家重点节能低碳技术推广目录（2017 年本，节能部分）》，涉及煤炭、电力、钢铁、有色、石油石化、化工、建材等 13 个行业，共 260 项重点节能技术，为节能技术发展指明了方向。

（3）能效领跑企业示范作用显现。石油和化学工业联合会连续七年组织开展全行业重点耗能产品能效“领跑者”发布工作，并得到工信部、国家发展改革委及全国总工会的大力支持。2017 年“领跑者”评选工作中，行业参与度进一步提高，规范性更强，产品稳定为 17 种化工产品，共 28 个品种。能效“领跑者”活动引发的“比学赶超、积极降耗”的良好局面正在形成。2017 年达到行业能效领先水平的“领跑者”企业 19 家，达到能耗限额国家标准先进值要求的入围企业 21 家；在与上年可比的 27 家能效第一名企业中，有 8 家被新的企业取代，显示行业节能比学赶超十分活跃。此外，领跑者能效水平进一步提高，除钛白粉、合成氨、甲醇、磷酸一铵等 4 个品种外，其他品种领跑者第一名的单位产品综合能耗均比上年有所下降或持平。

化工企业搬迁步伐加快

2016 年 8 月，国务院印发《关于石化产业调结构促转型增效益的指导意见》，要求新建石化项目必须进入石化基地，新建危化品企业必须进入规范化工园区。未来，化工园区将在石化产业及国民经济发展中发挥越来越重要的作用，将成为石油和化学工业的重要载体和支撑。数据显示，我国现有 502 家重点化工园区在产业发展中，产值可占行业整体的一半；但超大型和大型园区的数量仅占化工园区总数量的 8%，且大多数园区仍处于招商和建设初期阶段。

2017年以来，化工企业搬入园区的步伐加快。工信部先后开展了多次摸底调查，截至2016年末共收到各地上报的需要搬迁改造的项目957个，总投资7540亿元，通过全面摸排危化品企业，初步形成了危化品安全风险电子分布图；各省市地区加快排查辖区内危化品企业情况，以江苏省为例，2017年3月末共排查化工企业7372家，全省共56个化工园区，园区内化工企业1200余家，根据规划，到2020年江苏化工生产企业入园进区率要提高到50%以上；天津、河北、湖北、江苏、江西、福建、甘肃、云南、四川、西安等省市也已发布相关文件，要求加紧推进辖区内危化品企业搬迁工作。

在政策方面，2017年8月，国务院发布《关于推进城镇人口密集区危险化学品生产企业搬迁改造的指导意见》；2017年11月，工信部发布《关于进一步加强化工园区安全管理的指导意见》，要求科学规划与建设，从源头上提升园区本质安全水平，严格园区安全生产监督管理。此外，地方政府发布相关政策，加快推进规范化工企业搬迁入园工作，如2017年12月天津市发布《天津市推进城镇人口密集区危险化学品生产企业搬迁改造实施方案》等。

（4）推广利用节能新技术。石化和化工领域技术节能仍然发挥着重要作用。例如，**水溶液全循环尿素生产装置改造**，适合新建尿素生产装置和对现有水溶液全循环装置进行节能增产改造，投资较低，生产能力有较大提高，可大幅度降低原材料消耗、消除环境污染，经济效益和环保效益显著，预计未来5年，该技术在行业内的推广潜力可达到40%，投资总额33亿元，节能能力47万tce/年，减排CO_2能力128万t/年；**黄磷生产过程余热利用及尾气发电（供热）技术**，通过对黄磷生产中排放的尾气进行收集、加压并进行净化处理，再输送到专用燃烧器中进行配风旋混燃烧，燃烧后产生的热量及强腐蚀高温烟气再经过耐腐蚀的专用黄磷尾气锅炉进行换热，交换后的热量用于加热水产生蒸汽或者利用蒸汽带动汽轮机发电系统发电，所产蒸汽与电量均用于黄磷生产，降低产品能耗，预计未来 5 年，该技术的行业推广比例可达 50%，项目总投资 3.6 亿元，可形成年节能能力达 67 万 tce，年减排 CO_2 能力为 177 万 t；**硝酸生产反应余热余压利用技术**，将硝酸生产工艺流程中产生的余热、余压进行回收，所转化的机械能直接补充在轴系上，用于驱动机组，减少能量多次转换损耗，提高能量利用效率，预计未来 5 年，该技术在行业内推广比例将达 70%，项目总投资 17 亿元，可形成的年节能能力为 50 万 tce，年碳减排 CO_2 能力为 132 万 t。

（三）节能成效

2017 年，炼油、乙烯、合成氨、烧碱、纯碱产品单位能耗分别为 91、841、1463、862、333kgce/t，电石单耗为 3279kW•h/t，除电石外，其他产品单耗比上年均有不同程度下降，见表 1-2-6。相比上年，2017 年炼油加工、乙烯、合成氨、烧碱、纯碱生产节能量分别是 22.7 万、2.5 万、112.5 万、57.3 万、8.8 万 tce；石油工业实现节能约 25.2 万 tce，化学品工业实现节能约 165 万 tce，合计 190.2 万 tce。

表 1-2-6　2017 年我国石化和化学工业主要产品节能情况

产品		2012 年	2013 年	2014 年	2015 年	2016 年	2017 年	2017 年节能量（万 tce）
石油工业能耗（万 tce）		5679.4	5919.8	6062.7	6267.0	6214.8	6675.5	25.2
炼油	加工量（Mt）	467.90	478.60	502.80	522.00	541.00	567.77	22.7
	单耗（kgce/t）	93	93	93	92	91	91	
乙烯	产量（Mt）	14.87	16.23	16.97	17.15	17.81	18.22	2.5
	单耗（kgce/t）	893	879	860	854	842	841	
化学品工业能耗（万 tce）		36 996	33 851	35 376	35 306	35 313	31 402	165.0
合成氨	产量（Mt）	54.59	57.45	57	57.91	57.08	49.46	112.5
	单耗（kgce/t）	1552	1532	1540	1495	1486	1463	

续表

产品		2012年	2013年	2014年	2015年	2016年	2017年	2017年节能量（万tce）
烧碱	产量（Mt）	26.98	28.54	30.59	30.28	32.02	33.29	57.3
	单耗（kgce/t）	986	972	949	897	879	862	
纯碱	产量（Mt）	24.04	24.29	25.14	25.92	25.85	27.67	8.8
	单耗（kgce/t）	376	337	336	329	336	333	
电石	产量（Mt）	18.69	22.34	25.48	24.83	25.88	24.47	−39.6
	单耗（kW·h/t）	3360	3423	3272	3303	3224	3279	

注 产品综合能耗按发电煤耗折标准煤。

数据来源：国家统计局；工业和信息化部；中国石化和化学工业联合会；中国电力企业联合会；中国化工节能技术协会；中国纯碱工业协会；中国电石工业协会。

2.3 电力工业节能

电力工业作为国民经济发展的重要基础性能源工业，是国家经济发展战略中的重点和先行产业，也是我国能源生产和消费大户，属于节能减排的重点领域之一。2017年，全国完成电力投资合计8139亿元，同比减少7.9%。其中，电网建设投资5339亿元，继续保持很高投资规模；电源投资2900亿元，同比减少14.9%。

（一）行业概述

（1）行业运行。

2017年，我国电力工业继续保持较快增长势头，电力供应和电网输送能力进一步增强，电源和电网结构进一步优化。电源建设方面，截至2017年底，全国全口径发电装机容量达到17.77亿kW，比上年增长7.7%，增速比上年回落0.5个百分点。电网建设方面，截至2017年底，全国电网220kV及以上输电线路回路长度为69万km，比上年增长6.2%，220kV及以上公用变电设备容量为 40.3 亿 kV•A，增长 9.1%。

新增装机规模创历年新高，新增装机的结构进一步优化。2017 年，全国新增发电装机容量 13 118 万 kW，同比增加 8.0%，是新增装机规模最大的一年。其中，水电、火电、核电、风电和太阳能发电新增装机容量分别为 1287 万、4453 万、218 万、1819 万和 5341 万 kW，风电、火电、核电比上年减少 10.1%、11.8%和 69.7%，水电和太阳能发电比上年增加 9.2%和 68.4%。2005—2017 年我国电源及电网发展情况，见表 1-2-7。

表 1-2-7　　我国电源与电网发展情况

类别		2005 年	2012 年	2013 年	2014 年	2015 年	2016 年	2017 年
年末发电设备容量（GW）		517.18	1146.76	1257.68	1360.19	1525.27	1650.51	**1777.08**
其中	水电	117.39	249.47	280.44	301.83	319.54	332.07	343.59
	火电	391.38	819.68	870.09	915.69	1005.54	1060.94	1104.95
	核电	6.85	12.57	14.66	19.88	27.17	33.64	35.82
	风电	1.06	61.42	76.52	95.81	130.75	147.47	163.25
发电量（TW•h）		2497.5	4986.5	5372.1	5545.9	5740.0	6022.8	**6417.1**
其中	水电	396.4	855.6	892.1	1066.1	1112.7	1174.8	1193.1
	火电	2043.7	3925.5	4221.6	4173.1	4230.7	4327.3	4555.8
	核电	53.1	98.3	111.5	126.2	171.4	213.2	248.1
	风电	1.3	103.0	138.3	159.8	185.6	240.9	303.4
220kV 及以上	输电线路（万 km）	25.37	50.58	54.38	57.20	61.09	64.2	**69.0**
	变电容量（亿 kVA）	8.43	24.97	27.82	30.27	31.32	34.2	**40.3**

数据来源：中国电力企业联合会。

（2）能源消费。

电力工业是能源消耗大户。电力工业消耗能源总量占一次能源消费总量的比重超过 45%，电能在终端能源消费中的比重大约为 25%。

截止到 2017 年底，我国煤电装机容量 98 130 万 kW，占全国电源总装机容量的55.2%，同比增长3.7%。2017年，我国煤电发电量41 498亿kW·h，约占全国总发电量的64.7%。

由于煤炭消耗量大，电力行业是节能减排的重点行业。2017年我国的电力烟尘、二氧化硫、氮氧化物排放量分别约为26万、120万、114万t，分别比2016年下降25.7%、29.4%、26.5%。在节能减排上，进一步提高火电机组脱硫设施达标率，据中电联统计分析，截至2017年年底，全国燃煤电厂100%实现脱硫后排放。其中，已投运煤电烟气脱硫机组容量超过9.4亿kW，占全国煤电机组容量的95.8%；已投运火电厂烟气脱硝机组容量约10.2亿kW，占全国火电机组容量的92.3%，其中，煤电烟气脱硝机组容量约9.6亿kW，占全国煤电机组容量的98.4%。

（二）主要节能措施

2017年，我国电力工业节能减排取得了显著成就，所采取的节能措施主要包括以下几个方面：

（1）进一步优化电源结构，提高非化石能源装机比重。

煤电占比持续下降，发电结构不断优化。截至2017年底，火电装机容量占比下降到62.2%，煤电装机容量占比下降到55.2%；燃煤发电装机容量占比为55.2%，同比下降2.2个百分点。非化石能源发电装机比重和发电量比重进一步提高。非化石能源装机容量达到6.89亿kW，占总装机比重的38.8%，同比提高2.2个百分点；在新增装机容量中，非化石能源新增装机占比68.9%，同比提高3.6个百分点，新增装机结构进一步优化。在发电量方面，水电、核电、并网风电、并网太阳能发电量同比增长为1.6%、16.4%、26.0%、75.3%。非化石能源发电量总计增长10.1%，占全国发电量的比重为30.3%，比上年提高了1.0个百分点。

（2）增加大容量、高参数、环保型机组投资。

在电力机组投资方面，火电建设继续向着大容量、高参数、环保型方向发展。2017年，全国6000kW及以上火电厂供电标准煤耗309gce/（kW·h），比上年降低 3gce/（kW•h），煤电机组供电煤耗水平持续保持世界先进水平。火电机组中天然气、生物质、余温余热余气等发电机组得到较快发展。大容量火电机组比重进一步提高，火电 30 万 kW 及以上机组占全国火电机组总容量的 80%，比上年提高 0.4 个百分点；100 万 kW 级火电机组达到 103 台，占全国火电机组总容量的 10.2%，2017 年又新增了 7 台，比上年提高了 0.6 个百分点。

（3）积极推进高效、清洁、低碳火电技术研发推广。

加快高效、清洁、低碳火电技术研发创新，积极研发推广超超临界关键前沿技术。2017 年，福建湄洲湾第二发电厂 2 台 100 万 kW 超超临界燃煤机组和江苏滨海 2 台 100 万 kW 超超临界燃煤机组顺利投产。燃煤耦合生物质发电技术实现示范应用，依托大唐吉林长山热电厂 66 万 kW 超临界燃煤发电机组耦合 2 万 kW 生物质发电改造示范项目，结合哈尔滨锅炉厂流化床技术及大型燃煤机组技术特点，采用双链耦合，蒸汽侧耦合将垃圾焚烧炉产生的主蒸汽引入燃煤机组的热力系统；烟气侧耦合将垃圾焚烧炉产生的尾部烟气引入燃煤锅炉。该技术打破了传统垃圾焚烧炉的运行模式，能够有效解决传统垃圾焚烧发电厂机组发电效率低、排烟温度高、飞灰沾污等污染物处理成本高等难题，可将垃圾焚烧发电效率提高至 31.6%。

（4）全面推进供给侧结构性改革防范化解煤电产能过剩。

2017 年 7 月，国家发展改革委等 16 部门联合印发《关于推进供给侧结构性改革防范化解煤电产能过剩风险的意见》，明确“十三五”期间全国停建和缓建煤电产能 1.5 亿 kW、淘汰落后产能 0.2 亿 kW 以上，实施煤电超低排放改造 4.2 亿 kW，节能改造 3.4 亿 kW、灵活性改造 2.2 亿 kW。2017 年停建煤电项目 29 个，合计容量 3520 万 kW；缓建煤电项目 50 个，合计容量 5517 万 kW。2017 年，全国累计完成燃煤电厂超低排放改造 7 亿 kW，占全国煤电机组容量比重超过 70%，提前两年多完成 2020 年改造目标任务。

（5）综合施策推动解决“三弃”问题，弃风、弃光现象明显改善。

2017 年，国家陆续出台了《关于促进西南地区水电消纳的通知》《解决弃水弃风弃光问题实施方案》等政策文件，行业企业也积极行动，综合施策推动解决“三弃”问题，全国弃风弃光现象明显改善。据国家能源局数据，2017年，全国弃风电量419亿kW•h，同比减少78亿kW•h，弃风率12%，同比下降5.2%个百分点，是三年来首次弃风率“双降”；弃光电量73亿kW•h，弃光率6%，同比下降4.3个百分点。据调研，四川、云南弃水电量也分别比上年有所减少。

（三）节能成效

2017年，全国6000kW及以上火电机组供电煤耗为309gce/（kW•h），比上年下降3gce/（kW•h）；全国线路损失率为6.48%，比上一年降低0.01个百分点。我国电力工业主要指标见表1-2-8。

表1-2-8　　我国电力工业主要指标

指标	2011年	2012年	2013年	2014年	2015年	2016年	2017年
供电煤耗［gce/（kW•h）］	329	325	321	319	315	312	**309**
发电煤耗［gce/（kW•h）］	308	305	302	300	297	294	**294**
厂用电率（%）	5.39	5.10	5.05	4.85	5.09	4.77	**4.8**
其中：火电	6.23	6.08	6.01	5.85	6.04	6.01	**6.04**
线路损失率（%）	6.52	6.74	6.69	6.64	6.64	6.49	**6.48**
发电设备利用小时	4730	4579	4521	4318	3969	3797	**3790**
其中：水电	3019	3591	3359	3669	3621	3619	**3597**
火电	5305	4982	5021	4739	4329	4186	**4219**

数据来源：中国电力企业联合会。

与2016年相比，综合发电和输电环节节能效果，电力工业生产领域实现节能量1239万tce。

2.4　节能效果

与2016年相比，2017年制造业14种产品单位能耗下降实现节能量约1014

万 tce，这些高耗能产品的能源消费量约占制造业能源消费量的70%，据此推算，制造业总节能量约为1444万 tce，见表1-2-9。再考虑电力生产节能量1239万 tce，2017年与2016年相比，工业部门实现节能量约为2683万 tce。

表1-2-9　中国2016年制造业主要高耗能产品节能量

类别	产品能耗							2017年节能量（万 tce）
	单位	2010年	2015年	2016年	2017年	产量	单位	
钢	kgce/t	950	899	898	890	83 140	万 t	671.8
电解铝	kW·h/t	13 979	13 562	13 596	13 577	3227	万 t	20.9
铜	kgce/t	500	372	377	321	889	万 t	14.2
水泥	kgce/t	143	125	123	123	233 084	万 t	28.7
建筑陶瓷	kgce/m²	7.7	7.0	7.0	7.0	101	亿 m²	0
墙体材料	kgce/万块标准砖	468	444	437	430	11 850	亿块标准砖	83.0
平板玻璃	kgce/重量箱	15.2	13.2	12.8	12.4	7.9	亿重量箱	31.6
炼油	kgce/t	100	92	91	91	56 777	万 t	22.7
乙烯	kgce/t	950	854	842	841	1822	万 t	2.5
合成氨	kgce/t	1587	1495	1486	1463	4946	万 t	112.5
烧碱	kgce/t	1006	897	879	862	3329	万 t	57.3
纯碱	kgce/t	385	329	336	333	2767	万 t	8.8
电石	kW·h/t	3340	3303	3224	3279	2447	万 t	-39.6
合计				1014.4				

注　1. 产品综合能耗均为全国行业平均水平。
2. 产品综合能耗中的电耗按发电煤耗折标准煤。
3. 1111m³天然气=1toe。

数据来源：国家统计局，《2017中国统计年鉴》《中国能源统计年鉴2016》；国家发展改革委；工业和信息化部；中国电力企业联合会；中国钢铁工业协会；中国有色金属工业协会；中国建材工业协会；中国水泥协会；中国陶瓷工业协会；中国石油和化学工业联合会；中国化工节能技术协会；中国纯碱工业协会；中国电石工业协会。

3

建筑节能

本章要点

（1）我国建筑面积规模较大。 2017年，竣工房屋建筑面积41.9亿m^2，其中住宅竣工面积为7.2亿m^2，房屋施工规模达131.7亿m^2，其中住宅施工面积为53.6亿m^2。

（2）我国建筑领域节能取得良好成效。 2017年，建筑领域通过对既有居住建筑实施节能改造、推动绿色建筑发展、发展装配式建筑、推进清洁取暖、建立健全建筑节能标准、利用可再生能源等节能措施，实现节能量4820万tce。其中，全国新建建筑执行强制性节能设计标准形成年节能能力约1600万tce，其中绿色建筑形成年节能能力约50万tce；既有居住建筑节能改造形成年节能能力约160万tce。

3.1 综述

“加快生态文明体制改革、建设美丽中国”是十九大报告的重要内容。建筑领域的能耗包括建造能耗和建筑运行能耗两大部分，消耗大量能源，据统计，建筑能耗占全社会总耗能约三分之一，建筑节能已成为能源环境治理的一项重要工作，因此建筑领域是生态文明建设的重要领域。降低建筑能耗，对实现建筑节能意义重大。

建筑节能，指在建筑材料生产、房屋建筑和构筑物施工及使用过程中，满足同等需要或达到相同目的的条件下，尽可能降低能耗。从全球范围来看，建筑用能占一次能源消耗的20％～40％，在某些发达地区甚至高达45％。中国正处于加快推进工业化、城镇化和新农村建设的关键时期，建筑与工业、交通成为能源使用的三大主力行业，其中又以建筑节能的潜力最为巨大。建筑耗能伴随着建筑总量的不断攀升和居住舒适度的提升，呈上扬趋势。按照国际经验和我国目前建筑用能水平发展预测，到2020年，将超越工业用能成为用能的第一领域。未来建筑节能依然任重道远。

建筑业是国民经济的重要物质生产部门，与国家经济的发展、人民生活的改善有着密切的关系。伴随经济社会发展，建筑业不断发展，建筑行业的发展带来了巨大的资源与能源消耗，成为我国的能耗大户同时建筑能耗问题日益突出，需要进一步加大节能力度。

建筑业产值持续增长，增速呈现下滑态势。自2001年以来，经济快速发展，与建筑业密切相关的全社会固定资产投资（FAI）总额增速持续在15％以上的高位运行，建筑业总产值及利润总额增速也在20％的高位波动。伴随着城市化进程不断加快，以及多年市场发展，我国建筑业进入健康发展轨道。2017年，全国建筑业总产值达213 954亿元，同比增长10.5％。2017年国内生产总值827 122亿元，按可比价格计算，比上年增长6.9％。2017年全社会建筑业增加值 55 689 亿元，比上年增长 4.3%，增速较上年下降 2.9 个百分点。近年来全国建筑行业产值变化情况如图 1-3-1 所示。

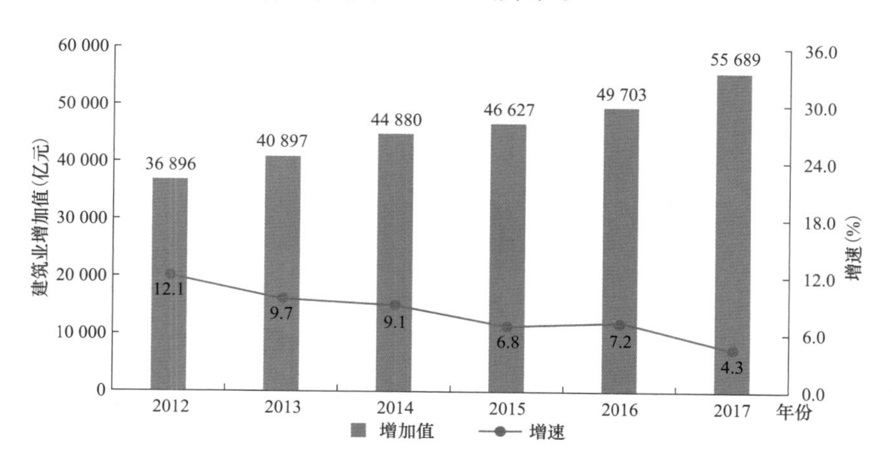

图 1-3-1　近年来全国建筑行业产值变化情况

城镇化建设促进建筑业快速发展。2013—2016 年我国城镇化率分别为 53.73%、54.77%、56.10%和 57.35%，每年城镇化率以 1.2%～1.3%的加速增长。2017 年末全国大陆总人口 139 008 万人，比上年末增加 737 万人，其中城镇常住人口 81 347 万人，占总人口比重（常住人口城镇化率）为 58.52%，比上年末提高 1.17 个百分点。中国的人均居住面积持续增长。按照城镇人均建筑面积估算，年城镇新增人口将增加约 3 亿 m^2 的住宅需求。伴随城镇化的快速发展，新建建筑规模仍将持续大幅增加，建筑业能源消费也不断增加。我国城乡人口变化情况如图 1-3-2 所示。

我国常住人口城镇化率距离发达国家 80%的平均水平还有很大差距，未来城镇化潜力依然较大，城镇化率仍然将保持上升趋势，国内建筑总体规模仍旧保持扩大态势。全年全国房屋施工规模达 131.7 亿 m^2，比上年增加 4.19%，呈上升趋势；其中住宅施工面积为 53.6 亿 m^2，比上年增加 2.9%，占比为 40.73%；竣工房屋建筑面积为 41.9 亿 m^2，下降 0.78%，呈现微下降态势。其中住宅竣工面积约为 7.2 亿 m^2，较上年下降约 7 个百分点。全国建筑施工、竣工房屋面积及变化情况，见表 1-3-1。

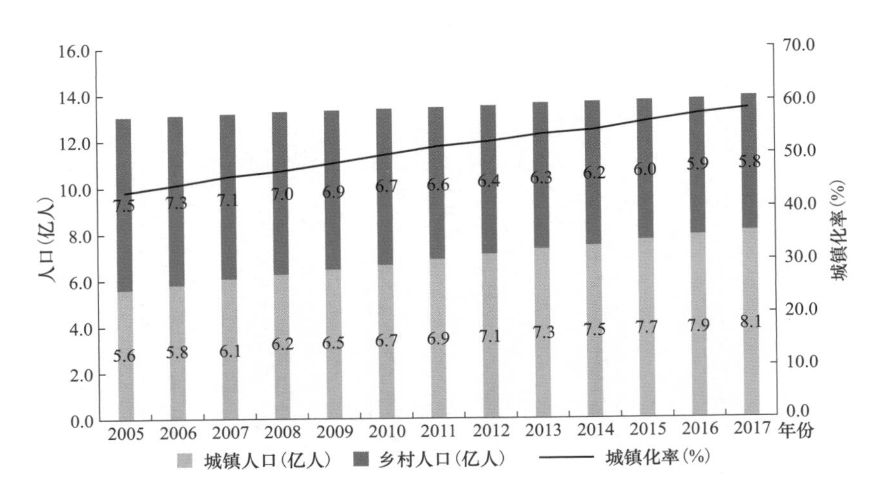

图 1-3-2 我国城乡人口变化情况

数据来源：国家统计局。

注 年新增住宅需求按照2016年全国居民人均住房建筑面积为40.8m^2，城镇居民人均住房建筑面积为36.6m^2，农村居民人均住房建筑面积为45.8m^2。

据统计，2017年全国建筑业房屋施工面积为131.72亿m^2，同比增长4.2%；房屋新开工面积178 654万m^2，增长7.0%，其中住宅新开工面积增长10.5%。施工项目计划总投资1 311 629亿元，比上年增长18.2%；新开工项目计划总投资519 093亿元，增长6.2%。

表 1-3-1 全国建筑施工、竣工房屋面积及变化情况

年份	建筑业房屋建筑面积：施工面积（万m^2）	住宅（万m^2）	施工面积较上年增加（%）	建筑业房屋建筑面积：竣工面积（万m^2）	住宅（万m^2）	竣工建筑面积较上年增加（%）
2000	160 141.10	48 304.93		80 714.90	18 948.45	
2005	352 744.70	127 747.65		159 406.20	40 004.49	
2010	708 023.51	314 942.59		277 450.22	61 215.72	
2011	851 828.12	388 438.59	20.31	316 429.28	71 692.33	14.04
2012	986 427.45	428 964.05	15.80	358 736.23	79 043.20	13.37
2013	1 132 002.86	486 347.33	14.75	401 520.93	78 740.62	11.92

续表

年份	建筑业房屋建筑面积：施工面积（万 m²）	住宅（万 m²）	施工面积较上年增加（%）	建筑业房屋建筑面积：竣工面积（万 m²）	住宅（万 m²）	竣工建筑面积较上年增加（%）
2014	1 249 826.35	515 096.45	10.40	423 357.30	80 868.26	5.43
2015	1 239 717.60	511 569.52	－0.80	420 784.90	73 777.36	－0.60
2016	1 264 219.90	521 310.22	1.97	422 375.70	77 185.19	0.37
2017	1 317 195.00	536 433.96	4.19	419 074.00	71 815.12	－0.78

数据来源：国家统计局。

中共中央、国务院先后出台了《国家新型城镇化规划（2014—2020年）》《关于深入推进新型城镇化建设的若干意见》（国发〔2016〕8号）等重要政策促进我国新型城镇化建设。《国家新型城镇化规划（2014—2020年）》指出：到2020年我国常住人口城镇化率将达到60%左右，户籍人口城镇化率将达到45%左右。到2020年城镇绿色建筑占新建建筑比重将达到50%，重点发展智能建筑，实现建筑设施、设备、节能、安全的智慧化管控。按照国务院制定的《国家人口发展规划（2016—2030）》我国的常驻人口城镇化率会在2030年达到70%，因此“十三五”期间城镇化持续发展的态势不会改变。考虑人口和人均能源需求增长因素，与2017年相比，2020年城市生活新增能源需求可达0.5亿t标准煤，大体量的能源需求意味着较大的节能空间。我国城镇建筑中节能建筑的比重约30%，有约70%需要改造；现在我国每年新建房屋中，90%以上是高能耗建筑；而既有建筑中不到4%采取了能源效率措施。既有建筑的节能改造和新建建筑的节能系统工程这两个建筑节能市场的主要需求点均需求旺盛，因此建筑节能潜力依然巨大。

近年来随着建筑规模的扩大和既有建筑面积的增长，我国建筑运行能耗大幅增长。据有关专家统计，我国建筑运行能耗约占全国能源消耗总量的20%。如果加上新建建筑带来的建造能耗，整个建筑领域的建造和运行能耗占全国能耗总量的比例约40%。

按照未来能源与气候发展目标，2020年的能源消耗总量控制要求：我国建筑面积不超过600亿m^2，建筑能耗总量不超过10亿t标准煤。社会各界在建筑节能方面做出积极行动。

在建筑运行能耗中，冬季采暖能耗体量比较大。如农房采暖负荷是60～130W/m^2，为了确保保温，进行改造，主要的改造形式是外墙保温、门窗更换、增设暖廊等，提升能效约30%。截止到2016年底，北方地区城乡建筑取暖面积约206亿m^2，城镇建筑面积141亿m^2，农村建筑取暖面积65亿m^2，清洁取暖面积69亿m^2，清洁取暖率34%，总体来看清洁取暖的节能潜力较大。

3.2 主要节能措施

2017年我国建筑领域节能效果明显，所采取的主要节能措施包括以下几个方面：

（1）大力发展装配式建筑。

装配式建筑是用预制部品部件在工地装配而成的建筑。装配式建筑以工厂生产为主的部品制造取代现场建造方式，工业化生产的部品部件质量稳定；以装配化作业取代手工砌筑作业，能大幅减少施工失误和人为错误，保证施工质量；装配式建造方式可有效提高产品精度，解决系统性质量通病，减少建筑后期维修维护费用，延长建筑使用寿命；推进住宅全装修，发展装配式装修，不仅提升了装修的品质，节约了资源能源，而且减少了噪声扰民和建筑垃圾的排放。

装配式建筑是建筑领域践行绿色发展理念的重要着力点。随着科学技术的发展，装配式建筑的技术标准逐渐提高，其特性将弥补传统建筑的各种缺点。相较于传统现浇建筑，装配式建筑可缩短施工周期25%～30%，节水约50%，减低砌筑抹灰砂浆约60%，节约木材约80%，降低施工能耗约20%，减少建筑垃圾70%以上，并显著降低施工粉尘和噪声污染。同时，绿色的建造方式在节能、节材和减排方面也具有明显优势，对助推绿色建筑发展、提高建筑品质和内涵、促进建筑业转型升级具有支撑作用。

在国务院做出大力发展装配式建筑的决定后，装配式建筑迎来政策大爆发的局面，装配式建筑进入政策性利好阶段。在国务院出台的《进一步发展装配式建筑的指导意见》（以下简称意见）中指出，要以京津冀、长三角、珠三角三大城市群为重点推进地区，常住人口超过300万的其他城市为积极推进地区，其余城市为鼓励推进地区。在推进的力度上，针对不同地区，意见区分了三种方式：分别是“重点推进”“积极推进”和“鼓励推进”。2017年住房城乡建设部出台了《住房城乡建设部关于印发〈“十三五”装配式建筑行动方案〉〈装配式建筑示范城市管理办法〉〈装配式建筑产业基地管理办法〉的通知》（建科〔2017〕77号），对发展装配式建筑做了具体规划。

2017年11月，住房城乡建设部认定了30个城市和195家企业为第一批装配式建筑示范城市和产业基地。示范城市分布在东、中、西部，装配式建筑发展各具特色；产业基地涉及27个省（自治区、直辖市）和部分央企，产业类型涵盖设计、生产、施工、装备制造、运行维护、科技研发等全产业链。在试点示范的引领带动下，装配式建筑逐步形成了全面推进的工作格局。

截至目前，全国31个省（自治区、直辖市）全部出台了推进装配式建筑发展相关政策文件，整体发展态势已经形成。在推进装配式建筑发展过程中，各地注重结合本地产业基础和社会经济发展情况，因地制宜确定发展目标和工作重点，在土地出让、规划、财税、金融等方面制定了相关鼓励措施，创新管理机制，确保装配式建筑平稳健康发展。如北京市在土地出让环节创新招拍挂方式，“控地价、限房价”，由竞买人自主投报高标准商品住宅建设方案，并率先在高标准商品住宅建设项目管理中运用企业承诺加履约保函的市场机制，确保项目建设成为装配式建筑项目。上海市将装配式建筑建设要求纳入土地征询和建管信息系统监管，在土地出让、报建、审图、施工许可、验收等环节设置管理节点进行把关，保证各项任务和要求落到实处。同时，加强预制部品构件监管，开展部品构件生产企业及其产品流向备案登记。山东省推广全过程质量追溯体系，实行建设条件意见书、产业化技术应用审查、住宅小区综合验收3项制度，在土地及项目供应环节、规划和设计环节、竣工综合验收环节严格落实装配式建筑要求。

各地积极推动，多措并举，出台了一系列行之有效的激励措施，调动市场主体的积极性，推进装配式建筑项目落地，新建装配式建筑规模不断壮大。据统计，2015年全国新建装配式建筑面积为7260万m^2，占城镇新建建筑面积的比例为2.7%。2016年全国新建装配式建筑面积为1.14亿m^2，占城镇新建建筑面积的比例为4.9%，比2015年同比增长57%。2017年1—10月，全国已落实新建装配式建筑项目约1.27亿m^2。

根据政策要求，有专家预测未来十年内装配式建筑将占新建建筑面积30%的比例，新增房地产需求较多的地区也是装配式建筑推进力度较多的地区，预测新增住宅面积每年提高3%。各地推广装配式政策见表1-3-2。

表1-3-2　　各地推广装配式建筑政策汇总

地区	目标	补助
北京	到2018年，实现装配式建筑占新建建筑面积的比例达到20%以上，到2020年，实现装配式建筑占新建建筑面积的比例达到30%以上	对于实施范围内的预制率达到50%以上、装配率达到70%以上的非政府投资项目予以财政奖励；对于未在实施范围的非政府投资项目，凡自愿采用装配式建筑并符合实施标准的，按增量成本给予一定比例的财政奖励，同时给予实施项目不超过3%的面积奖励；增值税即征即退优惠等
上海	以土地源头实行**“两个强制比率”**（装配式建筑面积比率和新建装配式建筑单体项目的预制装配率），即2015年在供地面积总量中落实装配式建筑的建筑面积比例不少于50%；2016年外环线以内符合条件的新建民用建筑全部采用装配式建筑，外环线以外超过50%；2017年起外环以外在50%基础上逐年增加	

续表

地区	目标	补助
广东	到2020年，装配式建筑占新建建筑的比例达到15%。其中，珠三角城市群装配式建筑占新建建筑面积比例达到15%以上，常住人口超过300万的粤东西北地区地级市中心城区比例达到15%以上，全省其他地区比例达到10%以上；到2025年，珠三角城市群装配式建筑占新建建筑面积比例达到35%以上，常住人口超过300万的粤东西北地区地级市中心城区比例达到30%以上，全省其他地区比例达到20%以上	在市建筑节能发展资金中重点扶持装配式建筑和BIM应用，对经认定符合条件的给予资助，单项资助额最高不超过200万元
江苏	到2020年，全省装配式建筑占新建建筑比例将达到30%以上	项目建设单位可申报示范工程，包括住宅建筑、公共建筑、市政基础设施三类，每个示范工程项目补助金额约150万～250万元；项目建设单位可申报保障性住房项目，按照建筑产业现代化方式建造，混凝土结构单体建筑预制装配率不低于40%，钢结构、木结构建筑预制装配率不低于50%，按建筑面积每平方米奖励300元，单个项目补助最高不超过1800万元/个
浙江	到2020年，浙江省装配式建筑占新建建筑的比重达到30%	使用住房公积金贷款购买装配式建筑的商品房，公积金贷款额度最高可上浮20%；对于装配式建筑项目，施工企业缴纳的质量保证金以合同总价扣除预制构件总价作为基数乘以2%费率计取，建设单位缴纳的住宅物业保修金以物业建筑安装总造价扣除预制构件总价作为基数乘以2%费率计取；容积率奖励等
湖北	到2020年，武汉市装配式建筑面积占新建建筑面积比例达到35%以上，襄阳市、宜昌市和荆门市达到20%以上，其他社区城市、恩施州、直管市和神农架林区达到15%以上。到2025年，全省装配式建筑占新建建筑面积的比例达到30%以上	

续表

地区	目标	补助
山东	2017年，装配式建筑面积占新建建筑面积比例达到10%左右；到2020年，济南、青岛装配式建筑占新建建筑比例达到30%以上，其他设区城市和县（市）分别达到25%、15%以上；到2025年，全省装配式建筑占新建建筑比例达到40%以上	购房者金融政策优惠；容积率奖励；质量保证金项目可扣除预制构件价值部分、农民工工资、履约保证金可减半征收等
湖南	到2020年，全省市州中心城市装配式建筑占新建建筑比例达到30%以上	财政奖补；纳入工程审批绿色通道；容积率奖励；税费优惠；优先办理商品房预售；优化工程招投标程序等
四川	到2020年，全省装配式建筑占新建建筑的30%，装配率达到30%以上，新建住宅全装修达到50%；到2025年，装配率达到50%以上的建筑，占新建建筑的40%，新建住宅全装修达到70%	优先安排用地指标；安排科研经费；减少缴纳企业所得税；容积率奖励等
河北	到2020年，全省装配式建筑占新建建筑面积的比例达到20%以上；到2025年，全省装配式建筑面积占新建建筑面积的比例达到30%以上	优先保障用地；容积率奖励；退还墙改基金和散装水泥基金；增值税即征即退50%等
安徽	到2020年，装配式建筑占新建建筑面积的比例达到15%；到2025年，力争装配式建筑占新建建筑面积的比例达到30%	
福建	到2020年，全省实现装配式建筑占新建建筑的建筑面积比例达到20%以上。到2025年，全省实现装配式建筑占新建建筑的建筑面积比例达到35%以上	用地保障；容积率奖励；购房者享受金融优惠政策；税费优惠等
江西	到2020年，装配式建筑占新建建筑的比例达到15%。其中，珠三角城市群装配式建筑占新建建筑面积比例达到15%以上，常住人口超过300万的粤东西北地区地级市中心城区比例达到15%以上，全省其他地区比例达到10%以上；到2025年，珠三角城市群装配式建筑占新建建筑面积比例达到35%以上，常住人口超过300万的粤东西北地区地级市中心城区比例达到30%以上，全省其他地区比例达到20%以上	在市建筑节能发展资金中重点扶持装配式建筑和BIM应用，对经认定符合条件的给予资助，单项资助额最高不超过200万元

续表

地区	目标	补助
河南	到2017年，全省预制装配式建筑的单体预制化率达到15%以上	对获得绿色建筑评价二星级运行标识的保障性住房项目省级财政按20元/m^2给予奖励，一星级保障性住房绿色建筑达到10万m^2以上规模的执行定额补助上限，并优先推荐申请国家绿色建筑奖励资金；新型墙体材料专项基金实行优惠返还政策等；容积率奖励
山西	到2025年，装配式建筑占新建建筑面积的比例达到30%以上	享受增值税即征即退50%的政策；执行住房公积金贷款最低首付比例；优先安排建设用地；容积率奖励；工程报建绿色通道等
陕西	到2020年，西安市、宝鸡市、咸阳市、榆林市、延安市城区和西咸新区等重点推进地区装配式建筑占新建建筑的比例达到20%以上；到2025年，全省装配式建筑占新建建筑比例达到30%以上	给予资金补助；优先保障装配式建筑项目和产业土地供应；加分企业诚信评价，并与招投标、评奖评先、工程担保等挂钩；奖励容积率；购房者享受金融优惠政策；安排科研专项资金等
海南	到2020年，全省采用建筑产业现代化方式建造的新建建筑面积占同期新开工建筑面积的比例达到10%，全省新开工单体建筑预制率（墙体、梁柱、楼板、楼梯、阳台等结构中预制构件所占的比重）不低于20%，全省新建住宅项目中成品住房供应比例应达到25%以上	优先安排用地指标；安排科研专项资金；享受相关税费优惠；提供行政许可支持等
吉林	到2020年，创建2～3家国家级装配式建筑产业基地，全省装配式建筑面积不少于300万m^2；到2025年，全省装配式建筑占新建建筑面积的比例达到30%以上	设立专项资金；税费优惠；优先保障装配式建筑产业基地（园区）、装配式建筑项目建设用地等
贵州	到2020年，全省新型建筑建材业总产值达2200亿元以上，完成增加值600亿元以上，装配式建筑占新建建筑比例达15%以上	对列入新型建筑建材业发展规划的重点园区和重大项目，优先安排土地指标，优先在城乡总体规划中落实用地布局。对投资额5亿元以上的项目，由省级直接安排下达年度计划指标，各市（州）政府和贵安新区管委会统筹优先保障建设用地计划指标，实行“点供”

续表

地区	目标	补助
云南	到2020年，昆明市、曲靖市、红河州装配式建筑占新建建筑面积比例达到20%，其他每个州、市至少有3个以上示范项目；到2025年，力争全省装配式建筑占新建建筑面积比例达到30%，其中昆明市、曲靖市、红河州达到40%	税费减免；优先放款给使用住房公积金贷款的购房者；优先安排用地指标等

（2）积极推广绿色建筑。

研究表明，在目前常用的绿色建筑节能技术中，集中空调系统排风全热回收技术节能效益最大，达到35%节能率，过渡季节充分利用新风，会带来10%的节能率；合理设置可调节外遮阳和改变围护结构热工性能，可产生7%左右的节能率；采用光控措施控制照明系统，可形成12.3%的节能率；绿色建筑节能技术的选择及其应用效果受技术相互关联性影响较大，节能方案需要整体综合考量；节能技术的应用可使建筑在现行节能标准基础上再实现46.9%的节能率，达到建筑节能75%的要求。因此推广绿色建筑对于建筑节能至关重要。

我国积极建立健全绿色建筑政策和绿色建筑标准，在技术上进一步结合建筑工业化、信息化、温室气体减排、低影响开发等趋势和理念，向装配式建筑、智慧建筑和建造、超低能耗建筑、海绵型小区延伸发展。政策支持上，《城市适应气候变化行动方案》（发改气候〔2016〕245号）明确提出，到2020年，我国城镇绿色建筑占新建建筑比例达50%，绿色建筑占新建建筑比重超过30%，同时建设30个适应气候变化的试点城市，实现绿色建筑推广比例达到50%。标准支撑上，截至2017年11月底，我国国家层面现有的和即将发布的绿色建筑标准近20部，形成一个较为完整的标准体系，覆盖绿色建筑全生命期。同时，随着我国绿色建筑工作的深入推进，国内相继成立了热带及亚热带地区绿色建筑联盟、夏热冬冷地区绿色建筑联盟、严寒和寒冷地区绿色建筑联盟等3个绿色建筑联盟以及北方地区绿色建筑基地、华东地区绿色建筑基地、南方地区绿色建筑基地和西南地区绿色建筑基地等4个绿色建筑基地，为我国因地制宜地发展绿色建筑提供了更多的平台。

（3）深入推进清洁取暖工作。

2017年国家发展改革委、能源局、财政部和国家能源局等10部门联合印发了《北方地区冬季清洁取暖规划（2017—2021）》。提出，到2019年，“2+26”城市城区清洁取暖率要达到90%以上，县城和城乡接合部（含中心镇）达到70%以上，农村地区达到40%以上；到2021年，城市城区全部实现清洁取暖，35蒸吨以下燃煤锅炉全部拆除，县城和城乡接合部清洁取暖率达到80%以上，20蒸吨以下燃煤锅炉全部拆除，农村地区清洁取暖率达到60%以上。其中，农村地区优先利用地热、生物质、太阳能等清洁能源供暖，有条件的发展天然气和电供暖，适当利用集中供暖延伸覆盖。2019年，清洁取暖率达到20%以上；2021年，清洁取暖率达到40%以上

各地涌现了一批太阳能采暖项目，为下一步大面积太阳能采暖推广奠定了基础。如北京市发展改革委《关于进一步加大煤改清洁能源项目支持力度的通知》规定：对于整村或社区统一实施的“煤改太阳能”（辅助热源为热泵、电力、燃气等清洁能源）项目，市政府固定资产投资对太阳能采暖系统建设投资给予30%资金支持。全市范围内居民集中供暖项目，配套建设的水蓄热设施投资计入热源投资。对于采用热泵、太阳能方式集中供暖的项目，市政府固定资产投资对其配套建设的水蓄热设施给予50%资金支持。河北省政府积极鼓励开展太阳能供暖试点工作将在农村中小学、幼儿园、卫生院、养老院、便民服务中心等公共建筑和农村新型社区中率先推广经筛选的、较为成熟的太阳能供暖技术和方案。

（4）推广建筑能耗监测平台。

针对我国大型公共建筑的节能减排工作，财政部、住房城乡建设部等在“十一五”期间便已相继出台了一系列大型公共建筑节能监管的导则、规范、标准及方案。2007年，住房城乡建设部、财政部按照《国务院关于印发节能减

排综合性工作方案的通知》的要求，开始在北京、天津、深圳等试点城市推行建筑能耗监测体系的建设，并于2013年逐步扩大到全国33个省市开展建筑能耗监测体系的建设。截至2017年年底，我国已在33省市建立了机关办公建筑和大型公共建筑能耗监测平台，其中北京市、上海市、重庆市、天津市、深圳市、江苏省、山东省和安徽省8个省市的公共建筑能耗监测平台已通过国家验收，累计实现监测建筑已达万余栋，形成了海量能耗数据资源，初步建立了建筑节能信息化管理体系。

2008年，住房城乡建设部将节约型公共机构建设示范范围扩大到高等学校、亿元、科研院所等领域，截至2016年底，中央直属高校已完成验收58所，地方高校验收百余所，233所高校已基本完成节能监管平台建设任务；44所节约型医院建设试点均完成监管体系方案设计，并进入建设实施阶段。

在城市能耗监测平台发展建设方面，我国各大城市也积极推进能耗监测平台建设。以深圳市为例，截至2017年年底，平台监测建筑共接入568栋，总面积达2391万m^2。在监测的568栋建筑中，排除34栋建筑已停用能耗监测系统外，共有514栋建筑至今仍保持数据上传，在线率达96%。截至2017年年底，共将18 220栋完成自然年内消耗能源总量统计建筑的能耗量与建筑面积等数据接入至平台，覆盖建筑面积达6937万m^2；共将758栋完成建筑能耗审计建筑的自然年内能耗总量、建筑面积等数据上传至平台内，覆盖建筑总面积达2986万m^2。

（5）建立健全建筑节能标准。

《民用建筑能耗标准》在2016年12月1日开始实施。这一标准作为建筑节能标准体系中的目标层级国家标准，是以实际的建筑能耗数据为基础，制定符合我国当前国情的建筑运行过程中实际能耗指标限值，以强化对建筑终端用能的控制与引导。这一标准也我国建筑节能工作在“过程节能”的基础上进一步完善，通过确定建筑能耗指标指引与规范建筑实际运行与管理，达到降低建筑物的实际运行能耗的最终目的，实现“结果节能”。

国家出台了一系列装配式建筑相关的标准规范，如出台了《装配式混凝土建筑技术标准》《装配式钢结构建筑技术标准》《装配式木结构建筑技术标准》等标准规范，这三个标准有效发挥了引领作用，推动我国装配式建筑健康快速持续发展。各地也在不断加大标准规范编制力度，据不完全统计，各地出台和在编的装配式建筑标准规范达 200 余项，为装配式建筑发展打下了坚实基础。

（6）BIM 技术应用。

运用 BIM 技术，可减少建筑的耗能，实现建筑的绿色节能设计。BIM 技术即 Building Information Modeling，也就是建筑信息管理模型化，将建筑物所包含的信息，通过数字表达的形式进行数字信息的仿真模拟，包括建筑的三维模型、材料、力学、结构、设备、各种物理属性及数据统计等综合。在设计工作阶段，BIM 技术不仅可以方便快捷地绘制 3D 模型，还可以提高建筑的可施工性，提高资源能源的利用率，有利于建筑的可持续性设计。传统的技术是在建筑设计完成之后，再进行能耗分析，相比而言，BIM 技术是在设计的初期就利用具备强大兼容性的三维模型，进行的能耗分析，这样一来，不仅注入可持续发展理念，也避免通过设计修改来降低能耗设计需求。除此之外，BIM 技术与多种软件数据兼容，大大提高了设计项目的整体质量。

（7）可再生能源建筑应用。

可再生能源在建筑领域得到了大力推广，尤其是太阳能利用得到了大幅推广。太阳能建筑供热需求量达到 10 亿 m^2 以上（集热面积），是目前全国太阳能热水器保有量的 10 倍。2006—2017 年中国太阳能集热系统节能减排量见表 1-3-3。

表 1-3-3　　2006—2017 年中国太阳能集热系统节能减排量

年份	保有量（万 m^2）	节约标准煤（万 t）	相当节电（GW·h）	减排 SO_2（万 t）	减排烟尘（万 t）	减排 CO_2（万 t）
2006	9000	1695	471	54.81	42.38	3638.6
2007	10 800	1719	478	55.58	42.98	3690.12

续表

年份	保有量（万 m^2）	节约标准煤（万 t）	相当节电（GW·h）	减排 SO_2（万 t）	减排烟尘（万 t）	减排 CO_2（万 t）
2008	12 500	2132	593	68.92	53.29	4575.62
2009	15 000	2687	747	86.86	67.16	5767.02
2010	22 170	3326	924	107.52	83.14	7138.74
2011	27 110	4067	1130	131.48	101.66	8729.42
2012	32 310	4847	1347	156.7	121.16	10 403.82
2013	37 470	5621	1562	181.73	140.51	12 065.34
2014	41 360	6204	1724	200.6	155.1	13 317.92
2015	44 210	6630	1842	214.4	165.8	14 231
2016	46 360	6954	1932	224.87	173.9	14 926.45
2017	47 780	7167	1991	231.74	179.21	15 382.28

太阳能集热保有量如图 1－3－3 所示。

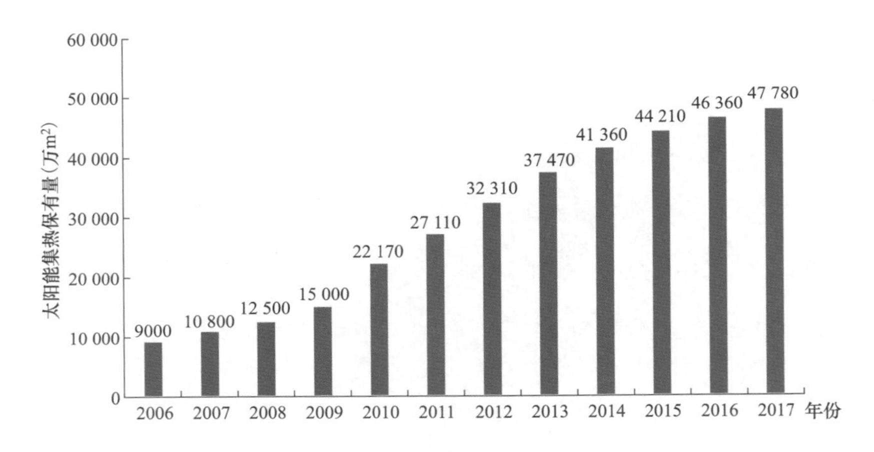

图 1－3－3　2006 年以来太阳能集热保有量示意

截至 2017 年底，中国的可再生能源装机容量排名第一，可再生能源装机容量达到了 6.47 亿 kW，占全球的 30％左右，其中水电装机容量为 3.13 亿 kW。

我国用于建筑的可再生能源的概况，见表 1－3－4。

表 1-3-4　　我国用于建筑的非水可再生能源利用情况

类型	2012 年	2013 年	2014 年	2015 年	2016 年	2017 年
	标准煤量（万 tce）	标准煤量（万 tce）	标准煤量（万 tce）	标准煤量（万 tce）	标准煤量（万 tce）	标准煤量（万 tce）
农村沼气（亿 m^3）	1110	1130	1140	1197	1268	1311
太阳能热水器（万 m^2）	3070	3690	4810	5300	5564	6478
光伏发电（GW·h）	50	60	70	80	103	126
地热采暖（万 m^2）	220	610	860	1380	1998	3614
地源热泵（亿 m^2）	750	830	900	1030	1200	1350
总计	5200	6320	7780	8987	10 133	12 877

注　1. 生物质直接燃烧包括秸秆和薪柴。

2. 太阳能热水器提供的能源为 120kgce/（m^2·年），地热采暖和地源热泵提供的能源分别为 28kgce/（m^2·采暖季）和 25kgce/（m^2·采暖季）。

3. 发电量按当年火力发电煤耗折算标准煤。

数据来源：国家统计局；国家能源局；农业部科技教育司；农业部规划设计研究院；住房和城乡建设部，中国农村能源行业协会太阳能热利用专业委员会；中国可再生能源协会；中国太阳能协会；国土资源部。

3.3 节能效果

2017 年，全国新建建筑执行强制性节能设计标准形成年节能能力约 1600 万 tce，其中绿色建筑形成年节能能力约 50 万 tce；既有建筑节能改造形成年节能能力约 160 万 tce。经测算，2017 年建筑领域实现节能量 4820 万 tce。2017 年及“十二五”我国建筑节能情况，见表 1-3-5。

表 1-3-5　　近年来我国建筑节能量　　万 tce

类别	2012 年	2013 年	2014 年	2015 年	2016 年	2017 年
新建建筑执行节能标准	1000	1300	1065	1700	1512	1600
既有建筑节能改造	242	246	192	167	132	160
照明节能	1110	1310	1280	2210	2450	3060
总计	2352	2856	2537	4070	4094	4820

4

交通运输节能

本章要点

（1）交通运输系统包括公路、铁路、水运、航空等多种运输方式，整体呈现平稳增长态势，客运（货运）周转量整体同比增长。 2017 年，铁路、公路、水运和民航航线里程，分别比上年增长 2.4%、1.6%、-0.1%和 17.9%；客、货运周转量整体比上年分别增长 5.0%和 5.8%。其中，铁路、公路、水运和民航客运周转量比上年分别增长 13.3%、9.3%、1.3%和 9.4%；货运周转量比上年分别增长 0.2%、5.4%、6.1%和 6.9%。

（2）交通运输领域能源消费量增长迅速。 2016 年，交通运输领域能源消费量为 4.4 亿 tce，比上年增长 3.5%，占全国终端能源消费量的 10.0%。其中，汽油消费量 10 281 万 t，柴油消费量 12 516 万 t。

（3）交通运输领域针对不同运输方式采取针对性的节能措施。 公路运输采取的主要措施包括推广节能型汽车及新能源汽车，加强公路隧道通风照明联动技术等节能新技术的应用，开展公路项目的全过程节能管理等；铁路运输采取的主要措施包括构建节能型铁路运输结构，加大新能源和可再生能源的推广利用，加大节能技术及节能产品推广应用，加强铁路运输管理节能等；水路运输采取的主要措施包括优化港口用能结构，加大节能技术和设备的推广应用，加强港口、船舶管理节能等；民用航空采取的主要措施包括优化航空能源结构，加快廊桥岸电及发动机减重等节能技术的推广应用等。

（4）交通运输领域节能工作取得一定成效。 2017 年，我国交通运输业能源利用效率进一步提高，公路、铁路、水路和民航单位换算周转量能耗比上年分别下降了 2.4%、8.1%、0.3%和 0%。按 2017 年公路、铁路、水运、民航换算周转量计算，2017 年，交通运输行业实现节能量 841 万 tce。

4.1 综述

4.1.1 行业运行

在国家稳增长、调结构的整体基调下，中国交通运输行业整体呈现出平稳增长态势。2017年，铁路、公路、水路和民航等领域发展较快，运输线路长度呈现出不同增长态势。其中，铁路、公路、水运和民航航线里程，比上年分别增长2.4%、1.6%、−0.1%和17.9%，增幅较上年同期分别增长−0.1、−1.0、−0.2和−1.5个百分点。我国各种运输线路长度，见表1-4-1。

表1-4-1　我国各种运输线路长度　万km

项目	2010年	2016年	2017年
铁路营业里程	**9.12**	**12.4**	**12.7**
其中：电气化铁路	3.27	8.03	8.7
高速铁路	0.51	2.30	2.50
公路里程	**400.82**	**469.63**	**477.35**
其中：高速公路	7.41	13.10	13.65
内河航运里程	**12.42**	**12.71**	**12.70**
民用航空航线里程	**276.51**	**634.81**	**748.3**

数据来源：国家统计局，《2018中国统计年鉴》《2017中国统计年鉴》。

2017年，客运（货运）周转量均呈现增长态势。客运周转量整体比上年增长5.0%。其中，铁路、公路、水运和民航客运周转量比上年分别增长7.0%、−4.5%、7.9%和13.5%；货运周转量整体比上年增长5.8%。其中，铁路、公路、水运和民航货运周转量比上年分别增长13.3%、9.3%、1.3%和9.4%。我国交通运输量、周转量和交通工具拥有量，见表1-4-2。

表 1-4-2　　我国交通运输量、周转量和交通工具拥有量

项目		2010 年	2016 年	2017 年
运量	客运（亿人）	327.0	190.0	184.9
	铁路	16.8	28.1	30.8
	公路	305.3	154.3	145.7
	水运	2.2	2.7	2.8
	民航	2.7	4.9	5.5
	货运（亿 t）	324.18	438.7	480.5
	铁路	36.43	33.3	36.9
	公路	244.81	334.1	368.7
	水运	37.89	63.8	66.8
	民航	0.06	0.07	0.07
周转量	客运（亿人·km）	27 894	31 259	32 813
	铁路	8762	12 579	13 457
	公路	15 021	10 229	9765
	水运	72	72	77.7
	民航	4039	8378	9513
	货运（亿 t·km）	141 837	186 629	197 373
	铁路	27 644	23 792	26 962
	公路	43 390	61 080	66 772
	水运	68 428	97 339	98 611
	民航	178.9	222.5	243.5
民用汽车拥有量（万辆）		7801.8	18 574.5	20 907
其中：私人载客车		4989.5	16 330.2	18 515
铁路机车拥有量（台）		19 431	21 453	21 420
民用机动船拥有量（万艘）		15.56	16.01	14.49
民用飞机期末拥有量（架）		2405	5046	3296

数据来源：国家统计局，《2018 中国统计年鉴》《2017 中国统计年鉴》。

4.1.2　能源消费

随着近年来交通运输能力的持续增强和交通运输规模的不断扩大，交通运输行业能源消费量呈现快速增长态势，能耗主要以汽油、煤油、柴油、燃料油等油耗为主，电能消费比重相对较低。2016年，交通运输领域能源消费量为4.4亿tce，比上年增长3.5%，占全国终端能源消费量的10.0%。汽油消费量10 281万t，柴油消费量12 516万t。而发达国家交通运输能源消费量占终端能源消费量的比重在20%～40%之间，因此，我国交通用能占全社会用能的比重仍将呈现上升态势。我国交通领域分品种能源消费量，见表1-4-3。

表1-4-3　我国交通运输业分品种能源消费量

品种	2010年		2015年		2016年	
	实物量	标准量	实物量	标准量	实物量	标准量
石油（万t，万tce）						
汽油	6545	9621	11 200	16 480	10 281	15 127
煤油	1601	2356	2561	3768	2815	4142
柴油	9362	13 641	12 117	17 655	12 516	18 237
燃料油	1470	2100	1786	2552	2778	3969
液化石油气	72	123	106	182	112	192
电（亿kW·h，万tce）	577	710	972	1195	1251	1538
天然气（亿m^3，万tce）	47	62	336	447	420	559
总计（万tce）		28 939		42 278		43 764

注　1t液化天然气=725m^3天然气，1t压缩天然气=1400m^3天然气，1t液化石油气=800m^3天然气；汽油、柴油消费量涵盖生活用能中的私家轿车、私家货车等用能。

数据来源：国家统计局；国家发展改革委；国家铁路局；中国电力企业联合会；中国汽车工业协会；中国汽车技术研究中心；中国石油经济技术研究院；《国际石油经济》。

4.2 主要节能措施

交通运输是全社会节能的重点领域，我国交通运输部门不断加大节能减排的实施力度，从政策激励、专项行动、低碳体系及试点建设、示范项目、技术创新及应用等方面采取了积极措施，技术、管理、结构节能方面均取得了一定成效，但近年来，我国交通运输能耗降幅收窄，节能减排潜力需进一步挖掘。

交通运输系统涵盖了公路、铁路、水运、航空等多种运输方式，且各运输方式又拥有多种类型的交通工具，在燃油类型、能耗等方面存在较大差异。因此，每种运输方式在结合整个交通领域节能减排路径及措施的情况下，根据自身用能种类、用能结构及用能特征的不同，均可以采取有针对性的节能减排措施。

4.2.1 公路运输

(1) 加强节能型汽车及新能源汽车的推广应用。

通过汽车轻量化挖掘汽车节能潜力。汽车轻量化，是指在保证汽车安全等各项重要指标都满足国家和行业标准要求的情况下，为了增加能源的利用效率，使其更加节能、安全，通过采用各种先进的技术或特殊材料尽可能地减轻汽车质量的过程。根据工信部发布的《乘用车燃料消耗量第四阶段标准》，我国明确到2020年乘用车新车平均燃料消耗量达到5L/100km，到2025年，乘用车新车平均燃料消耗量比2020年降低20%，节能减排的压力较大。在当前诸多节能减排路径中，汽车轻量化是最容易实现、潜力相对较大的方式，对于乘用汽油车，每降低100kg，最多可节油0.39L/100km。另外，对于新能源汽车来说，也需要通过汽车的轻量化来提升续航能力。

持续加大新能源汽车推广力度。2017年，受双积分政策、新能源车继续免征购置税和新能源车补贴调整等多因素影响，我国新能源汽车的销量持续增长。2017 年，我国新能源电动汽车全年实现 77.7 万辆销售规模，同比增长 53.3%。电池技术得到快速发展，续航里程持续提高，充电速度进一步加快，以经济型家用电动汽车为例，续航里程由 2015 年的 200km 提高到 400km；充电设施建设持续高增长，截至 2017 年底，我国电动汽车公共类充电桩达到 21.4 万个，全年新增 7.3 万个，同比增长达 51%[1]。

汽车轻量化主要体现在三个方面：**一是**轻质材料的比重不断攀升，铝合金、镁合金、钛合金、高强度钢、塑料、粉末冶金、生态复合材料及陶瓷等的应用越来越多；**二是**结构优化和零部件的模块化设计水平不断提高，如采用前轮驱动、高刚性结构和超轻悬架结构等来达到轻量化的目的，计算机辅助集成技术（CAX）（包括 CAD/CAE/CAO）和结构分析等技术也有所发展；**三是**汽车轻量化促使汽车制造业在成形方法和连接技术上不断创新。汽车轻量化技术是汽车节油的重要手段，试验表明：汽车质量每下降 10%，油耗约下降 3%～5%。

（2）加强节能新技术的推广应用。

冷再生技术。采用大型冷再生设备对原破旧沥青路面的面层和基层进行就地回收和破碎后，掺入一定比例的水泥，再进行现场拌和、摊铺并碾压成型。该技术实现了对破旧路面材料的充分利用，具有节约、环保、施工简便、路面使用性能好等优点。

以江西某高速公路股份有限公司为例，该公司在昌九高速公路应用乳化沥青冷再生技术开展 90km 的路面大修工程。节能技改投资额共 100 万元，建设期内，年节约沥青 7845t，折合节能量 780tce，CO_2 减排 1945t，可获经济效益约 5600 万元。

---

[1] 中国电动汽车充电基础设施促进联盟。

公路隧道通风照明联动技术。隧道通风照明联动控制系统，主要是利用监控计算机，对隧道内交通运行状况、环境指标状况等进行有效的综合分析，根据隧道内环境的相关参数，如CO/VI（一氧化碳/能见度）、洞内外亮度、隧道内温度及火灾探测、风速风向、电力检测等，并严格按照隧道监控条件，对各系统预设的控制方案进行预算、对比，之后并形成控制指令，然后再通过隧道中央控制系统以及各个相关区域的控制器，执行指令，从而实现对隧道内进行有效的通风、照明联动控制。该技术可有效降低公路隧道的运营管理能耗，减少隧道运营费用，并延长灯具及电源使用寿命。

（3）开展公路项目的全过程节能管理。

加强项目的全生命周期节能管理。公路项目的全生命周期节能管理是将节能环保的理念贯穿于项目设计、建设、运营全过程的节能管理工作。目前，我国交通运输部开始高度重视该节能管理模式，并开展了大量研究和试点工作，针对公路运输线路长、建设规模大、建设及运营周期长等特点，开展全方位节能分析及管理工作，该模式可大幅提升节能水平。

以西部地区某高速公路建设为例，本项目充分考虑直接节能和间接节能，在设计阶段充分融入节能选线、节能速度设计、总油耗最低平纵面结合点设计等节能减排理念，使进入新疆地区的公路里程缩短至少1000km，减少了大量过境车辆的绕行距离，节能减排效果明显。从纵面指标分析，最大纵坡3%，因此纵面最高车速的修正影响较小，减少了因上下坡而产生的刹车制动的油耗。在施工阶段，项目使用节能设备并在项目施工中推广路面沥青再生、煤矸石路基材料和粉煤灰利用等资源再生利用技术；在运营阶段大力推行“标准化”“精细化”养护管理，控制车辆等待时间，保障车辆通行顺畅，减少运营耗能。

推进智能信息化交通运输体系建设。2017年12月，我国交通运输部强调构建一体化、网络化、智能化的高效交通运输体系，提供更加安全、便捷、智慧、绿色、舒适、多元、经济的现代交通运输服务。高效交通运输体系是指在现有相对完善的交通基础设施上，将先进的信息技术、通信技术、控制技术、传感技术和系统综合技术有效地集成，并应用于地面运输系统，从而建立起大范围内发挥作用的实时、准确、高效的运输系统。据预测[1]，完善的智能交通系统可使路网运行效率提高 80%～100%，堵塞减少 60%，交通事故死亡人数减少 30%～70%，车辆油耗和 CO_2 排放量降低 15%～30%。

智能优化调度：是指把公交传统管理与信息化、智能化高度融合，其核心是计划调度优化和现场运营组织，通过提高车辆运营效率，保证线路营运车辆准点、均衡、有序，减少无效耗能。以上海浦东新区为例，浦东公交现已在 600 辆车上应用智能优化调度，提高公交营运效率约 10%，效果明显，按当前 600 辆公交的规模，相当于增加了 60 辆公交车，可创造直接经济效益 1720 万元。

4.2.2 铁路运输

(1) 构建节能型铁路运输结构。

电气化铁路。电气化铁路作为优化铁路能耗结构的重要措施，近年来在我国得到了快速发展。至 2017 年底，全国电气化铁路营业里程达到 8.7 万 km，比上年增长 7.8%，电化率 68.5%，比上年提高 3.7 个百分点[2]。其中，高铁营业里程达 2.5 万 km。电气化铁路的发展优化了铁路能耗结构，“以电代油”工程取得积极进展。

移动装备。2017 年，全国铁路机车拥有量为 2.1 万台，比上年减少 372 台，

[1] 王庆一，2015 年能源政策。
[2] 交通运输部，2016 年铁道统计公报。

其中，内燃机车占 40.4%，比上年下降 1.4 个百分点，电力机车占 59.5%，比上年提高 1.4 个百分点。全国铁路客车拥有量为 7.3 万辆，比上年增加 0.2 万辆。其中，动车组 2935 标准组、23 480 辆，比上年增加 349 标准组、2792 辆。全国铁路货车拥有量为 79.9 万辆。

（2）加大新能源和可再生能源的推广利用。

在牵引动力上引入新能源和可再生能源替代技术。牵引能耗在铁路能耗中占有比较大的比重，有些国家甚至在 60%以上。按日本新干线的数据，用于行车方面的能耗大约占铁路总能耗的 87%。列车牵引是能源消耗的主要部分，列车牵引消耗 82%的电能和 90%的柴油[1]。因此，降低牵引能耗成为降低整个能耗的关键之一。目前的趋势就是采用新能源替代化石能源。比如，新能源发电替代传统的煤电、生物柴油替代燃油等。

在铁路车站、沿线设施等建筑推广新能源发电。我国在铁路客货枢纽和综合车站建设大量采用地源热泵、三联供热泵、太阳能等新能源技术，大力推广中水利用和节能光源，对提高铁路行业能源利用效率效果显著。以北京南站为例，在站房中央采光带屋面，铺设了 3264 块太阳能光伏板，面积 6700m^2，占全部采光带的 50%左右，总装机容量 320kW，每年可发电 18 万 kW·h，减排 CO_2排放 198t，替代标准煤 70t。

以我国研制的 HXN6 型世界最大功率混合动力机车为例，该款新能源机车功率为 2200kW，在世界同类产品中功率最大、牵引动力最强，机车采用世界先进的交流传动技术，最大特点是节能能源和降低排放，相比仅以柴油为动力源的传统内燃机车，该机车在具备充电条件下，最高可减少燃油消耗 90%，减少硫化物等有害五置排放 60%～90%，减少噪声 80%以上，且机车的检修维护周期可延长一倍。

---

[1] 杨浩，铁路重载运输［M］. 北京：北京交通大学出版社，2010.

(3) 加大节能技术及节能产品推广应用力度。

重载列车的轻量化。重载运输的主要特点是轴重大、编组长、运量大、密度较小、效率高、成本低，重载运输较传统运输已经起到了较好的节能作用，我国重载列车主要采用钢制车体，美国新造高速重载列车 95%以上为铝合金车体，而铝合金具有质量轻、成型优、强度高、耐腐蚀、可再生等一系列特性，是减轻重载列车自重、降低能耗、提高运输效益的较好选择，因此，重载列车轻量化将进一步提升节能水平。

以某铝业公司为例，该企业加强将铝合金材料应用于重载列车的研究，生产了近 13 000 辆全铝运煤车，并运行在大秦铁路和神华铁路线，与不锈钢车相比，每个铝合金车体轻 700kg，据测算[1]，13 000 辆运煤车每年减少碳排放总量约 9 万 t。

推广新型节能机车。列车能耗主要体现在机车上，因此，机车是否节能是降低列车运行能耗的关键，因此，我国加强新型节能机车的研发，积极铁路行业节能降耗。2018 年 6 月，我国首台 3000 马力节能环保型调车机车下线试运行，该机车采用柴油机和动力电池作为双源动力的混合机车，装用 12V240H 型柴油机，装车功率 2500kW，机车最大运行速度 100km/h，并通过安装动力蓄电池，回收制动能量、为机车单机运行和辅助系统提供能量，从而减少柴油机的排放、噪声和工作时间，达到节能环保的目的。

(4) 加强铁路运输管理节能。

提高铁路信息化水平。利用现代化信息技术开发高度智能化的列车调度指挥系统、运行图编制系统、信息系统等，实现铁路运输资源的最优化设置，更科学合理的调度指挥，进而优化火车组的运用、设计好交路的衔接、减少空车等待、提高列车利用效率，降低能耗，节约能源。

---

[1] 铝道网，西南铝助推我国铁路重载运输列车绿色发展。

对机车及车站等基础设施用能实现全过程监控管理。对机车用能，一是消除跑、冒、滴、漏；二是提高乘务员操作水平，保持机车的经济运行；三是加强空调客车制冷、制热管理，采用自控装置，降低能耗。对车站用能，对车站照明、取暖等进行严格监控，结合人员密集度、时间进行优化调整，减少能源消耗。

4.2.3　水路运输

（1）优化港口用能结构。

在具备条件的港口推广港口岸电。港口岸电是指停靠在码头的船舶将可利用清洁、环保的“岸电”替代船舶辅机燃油供电。自2010年连云港首次采用高压岸电开始，靠港船舶使用岸电技术逐步在全国推开，交通运输部先后出台了《推进交通运输生态文明建设实施方案》《船舶与港口污染防治专项行动实施方案（2015—2020年）》《推进长江经济带绿色航运发展的指导意见》，要求大力推广靠港船舶使用岸电，并在近年来取得了积极的节能成效。截至2018年8月，浙江共建成岸电供电设施428套，其中沿海153套（含高压岸电10套）、内河275套，京杭运河浙江段沿线公共水上服务区已基本实现岸电设施全覆盖。2016年，浙江全省靠港船舶使用岸电用电量180万kW·h，减少二氧化碳排放1380t[1]。

以珠海港高压岸电项目为例，该项目建成后，预计年用电量超过360万kW·h，替代燃油消耗1778t，节约船舶能源成本约100万元，减少5620t二氧化碳排放和38t污染物排量（包括一氧化碳、氮氧化物、PM污染物等）。此外，在噪声抑制方面，可消除自备发电机组运行产生的噪声污染，为船员和港区居民提供更加舒适的生活和工作环境。

[1] 交通运输部、国家能源局、国家电网公司：协同推进使用岸电，推进绿色交通发展，中国交通新闻网。

(2) 加大节能技术和设备的推广应用。

LNG 驱动技术。柴油-LNG 双燃料船舶技术是在保持原有柴油机主体结构和燃烧方式不变的前提下，增加一套 LNG 供气系统和柴油-LNG 双燃料电控喷射系统，通过电子转换开关，实现单纯柴油燃料状态下和油气双燃料状态下两种运行模式的转换。

根据船用柴油机台架试验和“苏宿 1260 号”实船试验所取得的资料，双燃料船舶在混合动力模式下，LNG 的占比将达到 60%～70%，氮氧化合物及二氧化碳的减排量将分别实现 85%～90%、10%～15%，LNG 的综合替代率达到 60%，年替代燃油 38.4t，减排氮氧化合物 1.89t。

船用冷热全效热泵技术。船用冷热全效空调热泵系统是以江水（海水）作为冷（热）源的热泵系统：可在夏季提供冷量的同时提供生活热水，冬季充分利用江水（海水）里的低品位热能，满足空调采暖和热水的需求，完全（或部分）取代传统的燃油锅炉系统，实现冷热全效。

以某集团“交旅 2 号”为例，采用 3 台（800kW/台）冷热全效热泵机组代替传统的冷水机组＋燃油锅炉＋汽水换热器系统，来满足全船制冷、采暖及热水供应需求。目前该系统已实船安装，设备总投资约 380 万元。按设计参数计算，每年节约燃油 247.88t，折合为 357tce，节约运行费用 188.39 万元，减排二氧化碳 956.8t。

加大新能源船舶研发、推广力度。新能源船舶改变了以往单纯燃油的船舶用能模式，开始逐步研发出电动船舶以及混合动力船舶，通过新能源的利用减少污染物排放。2017 年 11 月，由我国建造的世界上首艘 2000t 级新能源电动自卸船下水，是全球第一艘千吨级纯电池推动载重船舶，填补世界同吨位内河双电驱动散货船的空白。2018 年 4 月，国内首艘 48TEU 纯电动内河集装箱船研发项目启动。

纯电动内河集装箱船：据测算[1]，安吉上港码头到上海共青码头全程249km，一艘传统动力48标箱集装箱船往返一个航次柴油能耗为1824L，而智能新能源集装箱船满载往返航次所需能耗为7208kW•h。按照目前柴油5.5元/L、电价0.7元/（kW•h）计算，智能纯电动船舶与传统船舶相比，要节省近一半能源成本。

（3）加强港口、船舶管理节能。

船舶智能化管理。船舶智能化是在综合传感、通信、信息、计算机等多种先进技术的基础上，结合船舶具体应用环境，构建基于大数据、信息物理系统和物联网等特征的智能系统，使船舶航行、管理与服务更高效、更低耗、更安全和更环保。当前，VTS（船舶交通服务系统）、AIS（船舶自动识别系统）、港口调度系统、电子航道图、船岸一体化的应用构成了智能化的船舶管理系统。

加强能耗实时监测，加强能源管理。选取航运船舶作为监测对象，通过分析船舶燃料消耗影响因素，确定统计指标，通过整理本辖区船舶数据库，确定船舶燃料消耗统计调查方法、典型船舶及燃料消耗监测方法，将船舶燃料消耗模块纳入现有港航船舶综合监管系统，并根据船型选择合适的燃油监测设备，开发软件系统，实现对船舶能耗的实时监测。

以实施“设施网格化管理系统”的天津港为例，天津港以北疆港区为试点开展网格化设施管理建设工作，运用信息化技术，完成基于工作流驱动的业务受理及协同工作应用、基于GIS/GPS的图形化引导应用、基于3G无线通信技术的移动终端应用等，实现了对港务设施的网格化管理，可实现年均节能量12.4toe，适于在大型港口企业进行推广应用。

---

[1] 国内首艘48TEU纯电动内河集装箱船启动，国际船舶网。

4.2.4 民用航空

(1) 优化航空能源结构。

研发使用生物航煤。生物航煤不同于石油、煤炭等传统燃料，其使用动植物和微生物研制，以大豆玉米等农作物甚至餐饮废油为原料，是一种新型可再生航空燃料。2014 年 2 月，民航局向国产 1 号生物航煤颁发适航许可证；2015 年，海航客机首次使用生物航煤实现国内航班飞行；2017 年 11 月，海南航空 HU497 航班首次使用生物航煤实现从北京到芝加哥的跨洋载客飞行，标志着民航在新型能源应用方面取得了重要进展。此次 HU497 航班在飞机中央油箱加注 40.8t 的调和比例为 15%的生物航煤，两翼油箱加注了 33t 的传统航煤❶。

大力推广"油改电"项目。航空运输领域在机场岸电等能源可替代的环节不断加大"油改电"的推广应用。通过用电来达到节约燃油，减少排放的目的。截至 2017 年，北京首都机场、成都双流机场等六家民航机场地面车辆"油改电"试点机场场内已投产运行的电动车辆 459 台，充电设施 213 个，年减少汽柴油消耗约 2000t。

加强非化石能源在机场的应用。通过实施太阳能光伏、光热项目，将太阳能转化为电能或热能，减少传统化石能源的消耗。比如分布式光伏电站项目，截至 2017 年 3 月，我国已有 12 个机场安装了分布式光伏项目，总规模约 36MW❷。

上海浦东机场分布式光伏项目：该项目主要位于浦东机场 P1、P2 停车库屋顶，总容量为 1.7MW，占用面积约 1.5 万 m^2，采用太阳能和建筑一体化设计，年平均上网电量约 153 万 kW·h，主要为停车库区域的照明、机电类设备供电。

---

❶ 民航新型能源应用取得重要进展，中国民航局。

❷ 我国已有 12 个机场安装了分布式光伏项目，智汇光伏。

(2) 加快节能技术的推广应用。

推广应用桥载设备替代飞机APU。桥载设备（GPU）主要包括静变电源和飞机地面专用空调。400Hz桥载静变电源是将380V/50Hz市电转换成稳定的115V/400Hz电源，为飞机在地面停留期间提供电能的地面设备；飞机地面专用空调是在飞机靠桥期间为飞机客舱提供冷（热）空气的专用空调机组。而400Hz桥载电源和飞机地面专用空调依靠电力提供能源，在飞机靠桥期间可以关闭APU，从而节省航空燃油。截至2017年，全国年旅客吞吐量500万人次以上机场中90%以上的单位已完成APU替代设备安装并投入使用。

根据航空公司的数据统计，选择3种有代表性的机型进行分析：C类机型选择空客A320，D类机型选择麦道MD11，E类机型选择波音B747。按国内机场飞机靠桥1h为单位，每架飞机每天按靠桥3次计算，得出不同机型飞机每小时运行APU平均消耗的航空煤油在100～400kg之间。若飞机靠桥期间关闭APU，采用桥载设备提供电源和空调，预计A320、MD11和B747每年分别可节省178、351、595tce[1]。

机场廊桥岸电技术。廊桥岸电是指用岸电替代飞机辅助动力装置（APU），用廊桥岸电设备给停靠飞机供电，实现从消耗航空燃油到消耗清洁电能的转变。以舟山普陀山机场为例，以全年靠桥航班至少12 000架次计算，每年因使用地面桥载电源设备所产生的替代电能约为320万kW·h，减少碳排放量约2900t，停机坪上原来高达120dB的噪声将同步开启“静音”模式。

航空发动机减重技术。传统的飞机发动机风扇叶片都是由金属制成，通常是钛金属，质量较大。目前，世界各国正在研发复合材料来大幅降低发动机质

[1] 陈军，桥载设备替代飞机APU的节能减排成效，节能与环保，2012年第10期。

量，进而减少燃油消耗。据测算[1]，针对一架通用型客机，用碳纤维增强复合材料代替原有的金属材料，将节省高达680kg的质量，减少20％的燃油消耗及碳排放。

(3) 加强航空领域节能管理。

提高飞机运输效率。加强联盟合作等措施提高运输效率，降低单位产出能耗和排放量。2017年，全行业在册小型运输飞机平均日利用率为9.49h[2]，比上年增加0.08h；正班客座率平均为83.2％，比上年提高0.6个百分点；正班载运率平均为73.5％，比上年提高0.8个百分点。

优化调度临时航线。2017年，航空公司使用临时航线约有35.5万架次，缩短飞行距离超过1343万km，节约燃油消耗7.2万t，减排CO_2 22.8万t。

充分发挥信息化平台作用。航空公司的信息化，具体而言，是指航空公司通过构建计算机信息系统，将业务中的流程和数据通过信息系统来进行处理，通过将信息技术应用于个别资源或流程来提高效率。信息化的应用为航空公司节能减排工作的开展提供了新动能。其中，2017年，依托信息平台收集、分析大数据，东航从上海浦东国际机场飞往伦敦希思罗机场的每一个航班，平均油耗比过去减少了1615kg，相当于向大气层减少CO_2排放5.07t[3]。

航空气象网络服务平台：通常情况下，一个备降航班需多消耗4.1t航油，为减少备降，青岛航空公司自主研发了业内首个集气象产品、气象资料、气象图表于一体的航空气象网络服务平台，通过全面的气象数据和准确的气象预报减少航班备降基础。在该系统的支持下，2017年，青岛航空有效减免航班备降382班，仅直接运行成本节约970万元。

---

[1] 碳纤维树脂基复合材料为航空发动机减重，中国航空报社。

[2] 2017年民航行业发展统计公报。

[3] 信息化为航企“绿色之翼”再添新动能，中国民航网。

4.3 节能效果

2017 年，我国交通运输业能源利用效率进一步提高，公路、铁路、水路单位换算周转量能耗比上年分别下降了 2.4%、8.1%和 0.3%；航空单位换算周转量能耗与上年持平。按 2017 年公路、铁路、水运、民航换算周转量计算，2017 年与 2016 年相比，交通运输行业实现节能量 841 万 tce。我国交通运输主要领域节能情况，见表 1-4-4。

表 1-4-4　　我国交通运输主要领域节能量

类型	单位运输周转量能耗［kgce/（万 t·km)］(换算)			2017 换算周转量（亿 t·km）	2017 年节能量（万 tce）
	2010 年	2016 年	2017 年		
公路	556	416	406	67 749	677
铁路	55.9	47.1	43.3	40 419	154
水运	50.8	35.8	35.7	98 689	10
民航	6190	5134	5134	1083	0
合计					841

注　1. 单位运输工作量能耗按能源消费量除换算周转量得出。
2. 电气化铁路用电按发电煤耗折标准煤。
3. 换算吨公里：吨公里＝客运吨公里＋货运吨公里；铁路客运折算系数为 1t/人；公路客运折算系数为 0.1t/人；水路客运为 1t/人；民航客运为 72kg/人；国家航班为 75kg/人。

数据来源：国家统计局；国家铁路局；交通运输部；中国电力企业联合会；中国汽车工业协会；中国汽车技术研究中心；2017 年交通运输业发展公报；2017 年铁道统计公报；2017 年民航行业发展统计公报；中国石油经济技术研究院；《中石油经研院能源数据统计(2016)》；金云，朱和，中国炼油工业发展现状与“十三五”发展趋势，《国际石油经济》2015，No.5，14-21；王占黎，单蕾，中国天然气行业 2014 年发展与 2015 年展望，《国际石油经济》2015，No.6，37-43；田春荣，2014 年中国石油和天然气进出口状况分析，《国际石油经济》2015，No.3，57-67；钱兴坤，姜学峰，2014 年国内外油气行业发展概述及 2015 年展望，《国际石油经济》2015，No.1，35-43。

5

全社会节能成效

本章要点

（1）全国单位 GDP 能耗逐年下降。 2017 年，全国单位 GDP 能耗为 0.57tce/万元（按 2015 年价格计算，下同），比上年下降 3.4%，低于“十二五”期间年均下降速度 0.6 个百分点。与 2015 年相比，累计下降 8.1%。自 2012 年以来，我国单位 GDP 能耗一直保持较快下降速度。

（2）全社会节能效果良好。 2017 年与 2016 年相比，我国单位 GDP 能耗继续下降，全年实现全社会节能量 1.66 亿 tce，占 2016 年能源消费总量的 3.7%，可减少 CO_2 排放 3.6 亿 t，减少 SO_2 排放 77.0 万 t，减少氮氧化物排放 81.1 万 t。

（3）建筑部门为节能重点领域。 全国工业、建筑、交通运输部门合计现技术节能量约为 8344 万 tce，占全社会节能量的 50.2%。其中工业部门、建筑部门、通运输部门分别实现节能量 2683 万、4820 万、841 万 tce；分别占全社会节能量的 16.1%、29.0%、5.1%。

(一) 全国单位GDP能耗

全国单位GDP能耗保持逐年快速下降态势。2017年，全国单位GDP能耗为0.57tce/万元[1]（按2015年价格计算，下同），同比下降3.4%，低于"十二五"期间年均下降速度0.6个百分点。与2015年相比，累计下降8.1%。自2012年以来，我国单位GDP能耗一直保持较快下降速度，如图1-5-1所示。

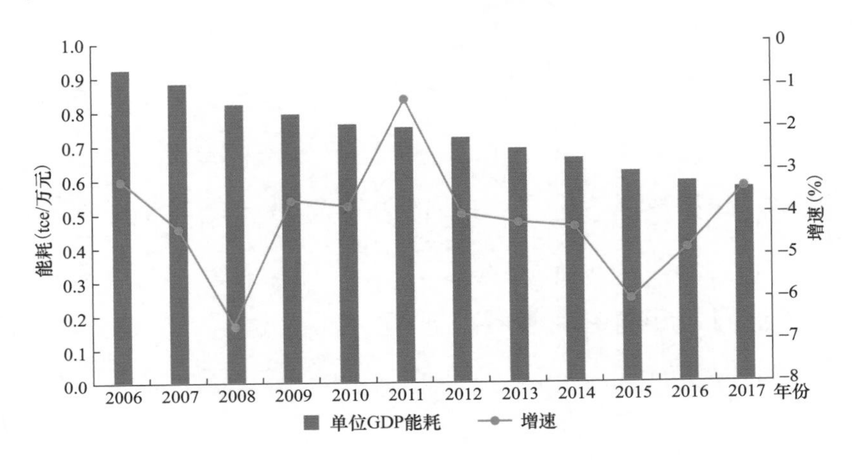

图1-5-1　2006年以来我国单位GDP能耗及变动情况

(二) 全社会节能量

2017年与2016年相比，我国单位GDP能耗下降实现全社会节能量1.66亿tce，占2016年能源消费总量的3.7%，可减少CO_2排放3.6亿t，减少SO_2排放77.0万t，减少氮氧化物排放81.1万t。

2017年与2016年相比，全国工业、建筑、交通运输部门合计实现技术节能量约为8344万tce，占全社会节能量的50.2%。其中工业部门实现节能量2683万tce，占全社会节能量的16.1%；建筑部门实现节能量4820万tce，占全社会节能量的29.0%，为节能重点领域；交通运输部门实现节能量841万tce，占全社会节能量的5.1%。2017年主要部门技术节能情况，见表1-5-1。

---

[1] 本节能耗和节能量均根据《2017年国民经济和社会发展统计公报》公布的GDP和能源消费数据测算。

表 1-5-1 2017 年我国主要部门节能量

部门	2017 节能量（万 tce）	占比（%）
工业	2683	16.1
建筑	4820	29.0
交通运输	841	5.1
主要部门技术节能量	8344	50.2
结构及其他技术节能量	8275	49.8
全社会节能量	16 619	100.0

注 1. 节能量为 2016 年与 2015 年比较。
2. 建筑节能量包括新建建筑执行节能设计标准和既有住宅节能技术改造形成的年节能能力。

节电篇

1

电力消费

本章要点

(1)全社会用电量持续增长。 2017年，全国全社会用电量达到63 077亿kW·h，比上年增长6.6%，增速比上年提高约1.7个百分点。

(2)第一产业、第三产业、居民生活用电比重上升，第二产业用电比重下降。 2017年，第一产业、第三产业和居民生活用电量分别为1155亿、8814亿、8695亿kW·h，占全社会用电量的比重分别为1.8%、14%、13.8%，分别上升0.2%、4.7%、2%。第二产业用电量44 413亿kW·h，占全社会用电量的比重为70.4%，占比下降0.9个百分点。

(3)高耗能行业总用电小幅增长，轻、重工业用电量增幅上升。 2017年，全国工业用电量43 624亿kW·h，比上年增长5.5%，增速比上年提高2.7个百分点；黑色金属、有色金属、化工和建材四大高耗能行业用电量均实现同比增长，用电合计18 190亿kW·h，比上年增长1.68%，增速比上年提高1.71个百分点；轻、重工业用电量分别增长6.97%、5.19%，增速比上年分别提高2.57%、2.69%。

(4)人均用电量保持快速增长，但仍明显低于发达国家水平。 2017年，全国人均用电量和人均生活电量分别达到4562kW·h和629kW·h，比上年分别增加241kW·h和45kW·h；我国人均用电量已接近世界平均水平，但仅为部分发达国家的1/4～1/2。

1.1 电力消费

2017年，全国全社会用电量达到63 077亿kW·h，比上年增长6.6%，增速上升约1.7个百分点。全社会用电量增速上升的主要原因：经济回暖叠加夏季高温冬季寒潮用电需求提升，2017年我国经济运行总体平稳，转方式、调结构稳步推进。消费稳定增长，进出口降幅收窄，企业效益回升，第三产业比重进一步提高。就业基本稳定，消费价格温和上涨，第三产业和居民生活用电增速明显上升，分别上升10.7、7.8个百分点。2000年以来全国用电量及增长情况，见图2-1-1。

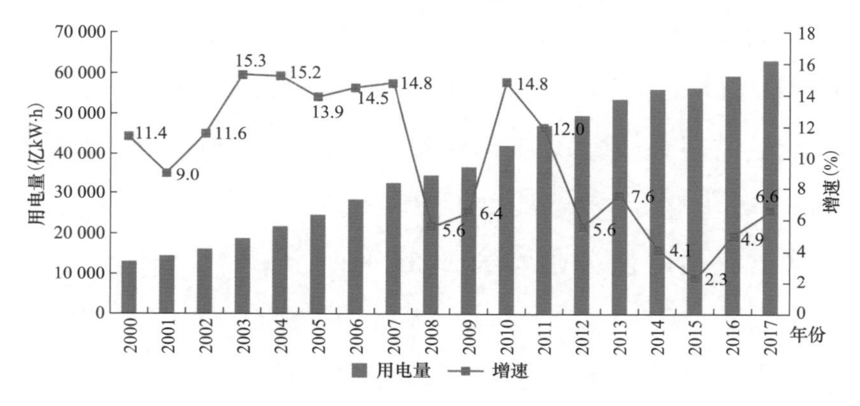

图2-1-1 2000年以来我国用电量及增速

第一产业、第三产业、居民生活用电比重上升。2017年，第一产业、第三产业和居民生活用电量分别为1155亿、8814亿、8695亿kW·h，比上年增长7.3%、10.7%、7.8%，增速均高于全社会用电增速；占全社会用电量的比重分别为1.8%、14%、13.8%，分别上升0.2%、4.7%、2%。第二产业用电量44 413亿kW·h，比上年上升5.6%，占全社会用电量的比重为70.4%，占比下降0.9个百分点。

其中，第一产业、第三产业对全社会用电增长的贡献率分别达到2%、22%，分别比上年上升0.1、下降6.6个百分点；居民生活对全社会用电增长的贡献率达到16.5%，比上年下降11.4个百分点。2017年全国三次产业及居民生活用电增长及贡献率，见表 2-1-1。

表 2-1-1　2017 年全国三次产业及居民生活用电增长及贡献率

产业	2016 年				2017 年			
	用电量（亿 kW·h）	同比增速（%）	结构（%）	贡献率（%）	用电量（亿 kW·h）	同比增速（%）	结构（%）	贡献率（%）
全社会	59 198	4.94	100	100	63 077	6.57	100	100
第一产业	1075	5.01	1.83	1.85	1155	7.34	1.83	2.06
第二产业	42 108	2.83	71.33	41.68	44 413	5.55	70.41	59.42
第三产业	7961	11.22	13.34	28.57	8814	10.65	13.97	21.99
居民生活	8054	10.78	13.51	27.93	8695	7.78	13.78	16.52

数据来源：中国电力企业联合会。

1.2　工业及高耗能行业用电

工业用电量同比上升，比上年增速上升幅度小于全社会用电增速上升幅度。2017 年，全国工业用电量 43 624 亿 kW·h，增长 5.5%，增速比上年上升 2.7 个百分点。重工业用电增速低于全社会用电量增长水平。轻、重工业用电量分别增长 6.97%、5.19%，增幅比上年分别上升 2.57%、2.69%。用电结构为 17.2∶82.8，与 2016 年相比轻工业占比略有上升。

高耗能行业总用电量小幅增长。2017 年，黑色金属、有色金属、化工、建材等四大高耗能行业合计用电 18 190 亿 kW·h，比上年增加 1.68%，增速同比上升 1.7 个百分点。其中，黑色金属行业用电量增加 1.29%，增速同比上升 4.79 个百分点；有色金属行业用电量增长 6.4%，增速同比上升 5.2 个百分点；化工行业用电量增加 4.58%，增速同比上升 4.38 个百分点；建材行业用电量增长 3.68%，增速上升 0.98 个百分点。

交通运输/电气/电子设备制造业用电量增速高于全社会平均水平。2017 年交通运输/电气/电子设备制造业用电增长 10.27%，增速同比上升 1.57 个百分点。2017 年我国主要工业行业用电情况，见表 2-1-2 和图 2-1-2。

表 2-1-2　2017 年主要工业行业用电情况

行业	用电量（亿 kW·h）	增速（%）	结构（%）
全社会	63 077	6.57	100
工业	43 624	5.50	69.2
1. 轻工业	7493	6.97	11.9
2. 重工业	36 131	5.19	57.3
钢铁冶炼加工	4964	1.29	7.9
有色金属冶炼加工	5465	6.40	8.7
非金属矿物制品	3303	3.68	5.2
化工	4458	4.58	7.1
纺织业	1681	6.16	2.7
金属制品	1848	5.61	2.9
交通运输/电气/电子设备	2988	10.27	4.7
通用/专用设备制造	1411	10.32	2.2

注　结构中行业用电比重是占全社会用电量的比重。
数据来源：中国电力企业联合会。

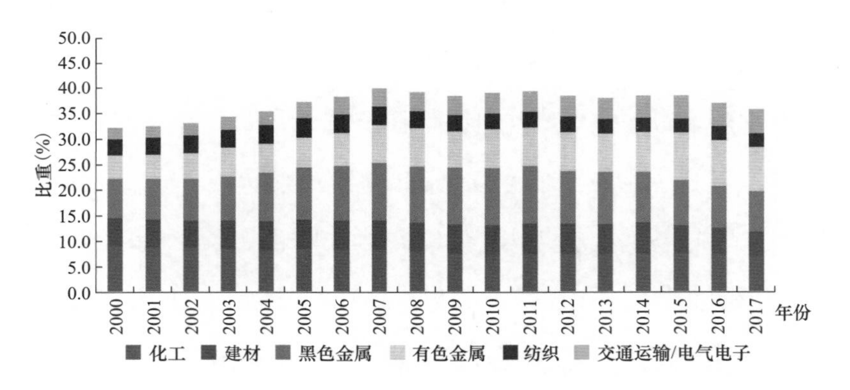

图 2-1-2　2000 年以来主要行业占全社会用电比重变化

1.3　各区域用电量增速

各区域用电量增速均有不同程度上升。2017 年，华北（含蒙西）电网地区用电15 043亿kW•h，同比增长5.1%，增速比上年上升1.4个百分点；华东用电15 561亿kW•h，同比增长6.7%，增速下降0.8个百分点；华中用电11 108亿kW•h，同比增长6.2%，增速上升1.1个百分点；东北（含蒙东）用电4351亿kW•h，同比增长5.4%，增速上升1.9个百分点；西北（含西藏）用电6384亿kW•h，同比增长10.1%，增速上升5.9个百分点；南方电网地区用电10 629亿kW•h，同比增长7.3%，增速上升3.3个百分点。2017年全国分地区用电情况，见表2-1-3所示。

表2-1-3　全国分地区用电量

地区	2016年		2017年		
	用电量（亿kW•h）	比重（%）	用电量（亿kW•h）	增速（%）	比重（%）
全国	59 187	100	63 077	6.57	100.00
华北	14 314	24.02	15 043	5.09	23.85
华东	14 582	24.41	15 561	6.71	24.67
华中	10 456	17.50	11 108	6.24	17.61
东北	4128	6.93	4351	5.40	6.90
西北	5797	10.48	6384	10.13	10.12
南方	9910	16.59	10 629	7.26	16.85

数据来源：中国电力企业联合会。

2017年所有省份用电增长均为正值，相对较快的省份主要集中于西部地区，西藏（18.2%）、贵州（11.5%）、新疆（11.5%）、内蒙古（11.0%）、山西（10.8%）、宁夏（10.3%）都实现两位数增长。陕西（9.5%）、江西（9.4%）、甘肃（9.3%）、云南（9.0%）、浙江（8.2%）、青海（7.8%）、福建（7.3%）、重庆（7.3%）、安徽（7.0%）等9个省份用电增速也超过全国平均水平（6.6%）。

1.4　人均用电量

人均用电量保持快速增长。2017年，我国人均用电量和人均生活用电量分别达到 4562kW•h 和 629kW•h，比上年分别增加 241kW•h 和 45kW•h；2005 年以来我国人均用电量和人均生活用电量年均分别以 8.9%和 9.6%的幅度增长。2000 年以来我国人均用电量和人均生活用电量变化情况，见图 2-1-3。

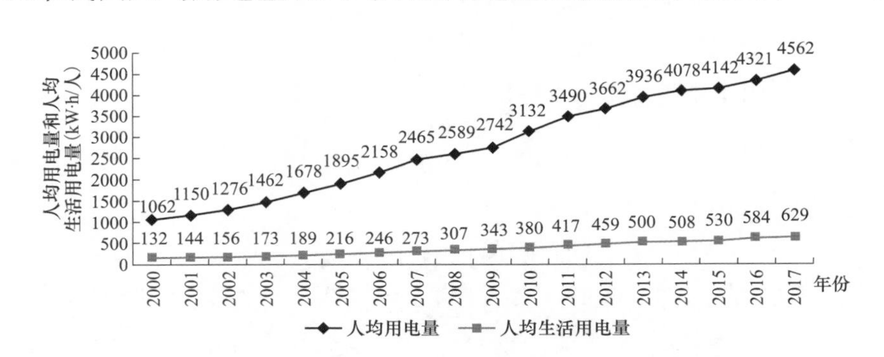

图 2-1-3　2000 年以来我国人均用电量和人均生活用电量

数据来源：中国电力企业联合会，《2016 年电力工业统计资料汇编》。

当前，我国人均用电量已接近世界平均水平，但仅为部分发达国家的 1/4～1/2。而人均生活用电量的差距更大，不到加拿大的 1/8。中国（2017 年）与部分国家（2016 年）人均用电量和人均生活用电量对比如图 2-1-4。

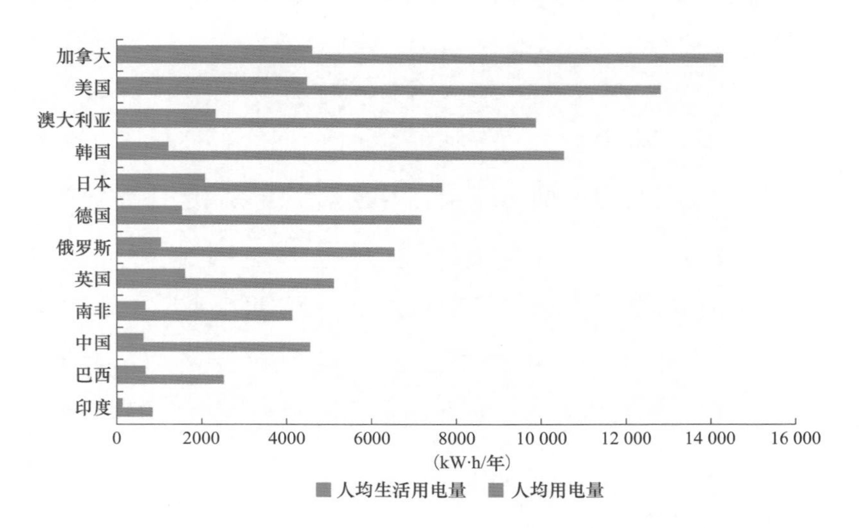

图 2-1-4　中国（2017 年）与部分国家（2016 年）

人均用电量和人均生活用电量对比

2

工业节电

本章要点

（1）制造业多数产品单位电耗降低，钢和电石电耗上升。 2017年，电解铝生产综合交流电耗13 577kW·h/t，降低22kW·h/t；水泥生产综合电耗85kW·h/t，降低0.5kW·h/t；合成氨生产综合电耗968kW·h/t，降低15kW·h/t；烧碱生产综合电耗1988kW·h/t，降低40kW·h/t；电石生产综合电耗3279kW·h/t，上升55kW·h/t；吨钢电耗474kW·h/t，上升7kW·h/t。

（2）厂用电率上升，线损率下降。 2017年，全国6000kW及以上电厂综合厂用电率为4.8%，比上年增加0.03个百分点。其中，水电厂厂用电率0.27%，低于上年0.02个百分点；火电厂厂用电率6.04%，高于上年0.03个百分点。2017年6000kW及以上电厂用电率整体略有下降。全国线损率为6.48%，较上年低0.01个百分点，线损电量3522亿kW·h。综合发电侧与电网侧，相较2016年，2017年电力工业生产领域节电约为6.3亿kW·h。

（3）工业部门实现节电量比上年显著增加。 相比2016年，2017年工业部门节电量估算为38.9亿kW·h，钢铁、水泥等7种主要工业产品实现节电量-30.6亿kW·h。

2.1 综述

长期以来，工业是我国电力消费的主体，工业用电量在全社会用电量中的比重保持在70%以上水平。2017年，全国工业用电量43 624亿kW·h，比上年上升5.5%。轻、重工业用电量分别增长7.0%、5.2%，轻、重工业用电结构为17.2∶82.8，轻工业用电增速高于工业用电量增速。

2017年，在工业用电中，钢铁、有色金属、煤炭、电力、石油、化工、建材等重点耗能行业用电量占整个工业企业用电量的60%以上。其中，有色金属行业用电量同比增长6.4%，化工行业用电量同比增长4.6%，建材行业用电量同比增长3.7%，黑色金属行业用电量同比增加1.3%。随着市场经济体制的不断成熟，市场竞争日益加剧，节能减排压力不断加大，国内大多数工业企业积极采取产业升级、技术改造、管理优化等一系列措施降本增效，取得了明显成效。

2.2 制造业节电

2.2.1 钢铁工业

2017年，黑色金属冶炼及压延加工业用电量4964亿kW·h，同比增长1.3%，占全社会用电量的8.7%，占比同比上升0.4个百分点。其中，吨钢电耗为474kW·h/t，同比增长1.6%。

钢铁工业主要节电措施包括：

(1) 强化低温余热发电。

钢铁行业烧结余热发电技术。钢铁行业烧结、热风炉、炼钢、加热炉等设备产生的废烟气，通过高效低温余热锅炉产生蒸汽，带动汽轮发电机组进行发电。通过分级利用余热，使得余热锅炉能最大限度地利用200～400℃的低温余热。

马钢投资1.7亿元人民币，安装了低温余热锅炉及汽轮发电机组，年发电量达1.4亿kW·h，年取得经济效益7000万元人民币，投资回收期2.5年。

(2）推进电动机系统节电改造。

基于三相采样与快速响应的电动机节能技术。我国工业用电约占全社会用电总量的70%，其中低压三相交流异步电动机年耗电量约为1.98万亿kW·h。基于电动机降压节能原理，通过闭环反馈系统对电压进行调节，可精确控制电动机的电压和电流，使电动机在最佳效率状态下工作；采用可调电阻网络三相采样、高频脉冲列触发晶闸管和感应电压检测等核心技术，可有效提高功率因数角检测电路的检测精度和响应速度，确保晶闸管能够更加稳定、精确、快速的触发，保证电动机启动和运转更加平稳，实现电动机能耗降低。

承德丰宁顺达矿业集团有限公司基于多台低压三相交流异步电动机能耗偏高（功率7.5～315kW)，并且软启动需要更换的情况下，通过建设装机容量为6500kW低压三相交流异步电动机，用基于三相采样与快速响应的电动机节电器替代低压三相交流异步电动机配电系统及软启动设备。其主要设备为基于三相采样与快速响应的电动机节电器，适配容量6500kW。项目节能技改投资额325万元，建设期1周。项目可实现年节能量874tce，CO_2减排量2048t。年节能经济效益为164万元，投资回收期约2年。

螺杆膨胀动力驱动节能技术。该技术是一种新型的低品质能源动力机。热流体（蒸汽、热液或汽液两相流体）进入螺杆齿槽，热流体能量推动螺杆转动旋转，齿槽容积增加，流体降压膨胀做功，最后排出，实现能量转换。

其功率从主轴阳螺杆输出，驱动发电机发电或驱动负载节电。目前该技术在各行业都有应用，但推广比例还较小，基本在1%以下，预计近几年将得到广泛推广。以钢铁和石化行业为例，预计未来5年，该技术在行业内的推广潜力可达到80%，预计投资总额25亿元，节能能力67万tce/年，减排CO_2能力177万t/年。

新钢厚板厂安装了1台螺杆膨胀动力机，直接从放散口将蒸汽引入动力机，蒸汽做功发电。节能技改投资额260万元，建设期3个月。年发电150万kW·h，相当于年节能525tce，投资回收期4年。

2.2.2 有色金属工业

2017年，有色金属行业用电量为5465亿kW·h，比上年提高6.4%。有色金属行业电力消费主要集中在冶炼环节，铝冶炼是有色金属工业最主要的耗电环节。2017年，电解铝用电占全行业用电量的77.4%。有色金属行业电力消费情况，见表2-2-1。

表2-2-1　有色金属行业电力消费情况

指标	2011年	2012年	2013年	2014年	2015年	2016年	2017年
有色金属行业用电量（亿kW·h）	3560	3835	4054	5056	5388	5453	5465
电解铝用电量（亿kW·h）	2354	2637	2865	3099	4247	4247	4229
有色金属行业用电量占全国用电量比重（%）	7.6	7.7	7.6	8.9	9.4	9.1	8.7
电解铝用电量占有色金属行业用电量的比重（%）	66.1	68.8	70.7	61.3	62.2	77.9	77.4

数据来源：中国电力企业联合会。

2016年，全国铝锭综合交流电耗上升为13 577kW·h/t，同比下降22kW·h/t，节电7.2亿kW·h。

有色金属行业节电措施主要包括：

（1）研发应用节电新技术。

节电技术可以大幅促进有色金属行业节能节电，提高企业效益。例如：不停电开停槽装置的全面利用、燃气焙烧自动化设备的应用，降低阴极钢棒电压技术的应用等，直接抵销了因烟气脱硫和脱硝造成的能耗增加。

金钼集团实施球磨机滚动支承改造，节电8.8%

金堆城钼业集团三十亩地选厂实施“φ3.6×4.0m球磨机滚动支承技术节能改造”取得成功。改造后，平均电流56A，节电率达8.8%。同时，降低了工人劳动强度，消除了不安全因素。

30亩地选厂有两台MQGφ3.6×4.0m球磨机存在球磨机转速低、载荷重等问题。过去，两端轴颈部位支承采用滑动轴承，该轴承属于稀油润滑，中空轴轴颈与轴瓦之间的摩擦阻力大，轴瓦寿命较短。而球磨机运转耗电量高，润滑油和备件消耗较大，更换轴瓦时刮瓦费时费力，而且，由于球磨机维护较复杂，岗位工必须不定时上到轴承座处，观察油环上油状况，增加了不安全因素。

技术人员通过观察研究，将球磨机的滑动轴承拆除，取消稀油油环润滑系统，设计制作了一套双列自动调心球面滚动轴承、分体式定位锥套、轴承盖和轴承座，将原润滑系统改造成球磨机滚动支承，采用移动式电动干油泵润滑。滚动支承改造以来，密封效果良好，运行平稳可靠，平均电流56A，节电率达8.8%。

资料来源：中国有色金属工业协会。

（2）加强合同能源管理。

合同能源管理是由节能服务公司向用能单位提供节能服务，用能单位以节能效益支付节能服务公司的投入及其合理利润的节能服务机制，双方通过契约形式约定节能目标。因节能公司具备技术、人员等优势，有利于用电精细化管理，弥补企业在开展节能时因人员、技术、设备、资金等多方面造成的限制，显著降低由于产业链各环节脱节造成的损耗，提高节电效果。

(3) 设备大型化。

近年来，中国电解铝产业装备水平不断提高，截至2017年末，全国建成电解铝产能中，400、500、600kA以上电解槽产能占比分别为56%、22%、6%，均较2014年提高了5个百分点以上。

2.2.3 建材工业

2017年，我国建材工业年用电量为3303亿kW·h，同比增长3.7%，占全社会用电量比重5.2%，较上年下降0.1个百分点，占工业行业用电量比重7.6%，较上年下降0.1个百分点。在建材工业的各类产品中，水泥制造业用电量比重最高，占建材工业用电量的42.2%，是整个行业节能节电的重点。

2017年，水泥生产用电1393亿kW·h，同比下降1.1%。水泥行业综合电耗约为85.0kW·h/t，比上年降低0.5kW·h/t。2017年相比2016年，由于水泥生产综合电耗的变化，水泥生产年实现节电11.7亿kW·h。2010—2017年水泥行业共节电约94.5亿kW·h。

主要节电措施如下：

高效优化粉磨节能技术。技术原理：采用高效冲击、挤压、碾压粉碎物料原理，配合适当的分级设备，使入球磨机物料粒度控制在2mm以下，改善物料的易磨性；使入磨物料同时具备“粒度效应”及“裂纹效应”，并优化球磨机内部构造和研磨体级配方案。利用HT高效优化粉磨机与球磨机组成联合粉磨系统，实现粉磨系统“分段粉磨”，从而达到整个粉磨系统优质、高产、低消耗的目的。

项目：安徽皖维高新材料股份有限公司ϕ3.8×13m水泥球磨机粉磨生产线高效优化粉磨节能技术节能改造项目。

主要技改内容：在ϕ3.8×13m水泥磨机前增加1套水泥配料预粉磨系

统，将原水泥粉磨闭路磨系统改造为开路磨系统；磨机内部采用先进的超细磨内筛分技术、部件对衬板、隔仓板、出料箅板等进行更换改造，优化调整磨内研磨体级配方案。

设备改造：增加设备有 HT 高效优化粉磨机、新型滚筒筛、ϕ3.8×13m 开流水泥管磨机专利部件、排风机、提升机等。

成本：技改投资 300 万元，建设期 1 个月。

成效：每年节电节能量达 2940tce，年节电节能产生经济效益 546 万元以上，项目投资回收期为 7 个月。

铜包铝芯电线电缆节能技术。技术原理：利用“集肤效应”原理，综合生产制造工艺、复合材料新型热处理技术、铜铝包覆拉拔原子冶金技术、新型材料绞合技术等生产要素和创新技术，将铜层均匀包覆在铝芯上，使铜、铝界面上的原子实现冶金结合，并拉伸绞合，形成具有强度高、轻质、柔性及环保等特性的新型导电材料。与传统的铜芯电缆对比，可有效降低导线温度，节省铜材，并降低线损。由于电线电缆温升降低，使绝缘材料不产生碳化，保证铜包铝芯电线电缆的绝缘寿命可满足 30 年免维护的要求。

建设单位：中国建材集团北方水泥有限公司。

建设规模：中国建材集团北方水泥有限公司旗下 159 家水泥生产企业节能技术改造。

主要技改内容：使用铜包铝芯节能电线电缆替换铜芯电缆。

成本：节能技改投资额 5 亿元，建设期 5 年。

成效：年节电约 9375 万 kW·h，年节电经济效益为 7500 万元，投资回收期 7 年。

2.2.4 石化和化学工业

2017年，石油加工、炼焦及核燃料加工业用电量为848.7亿kW•h，比上年增长12.2%；化学原料及化学制品业用电量为4458.3亿kW•h，比上年增长4.6%，而化学原料及化学制品业的电力消费主要集中在电石、烧碱、黄磷和化肥四类产品的生产上，占行业45.3%，但占比较上年下降7.1个百分点。

2017年，合成氨、电石、烧碱单位产品综合电耗分别为968、3279、1988kW•h/t，比上年分别变化约-1.5%、1.7%、-2.0%。与2016年单位单耗相比，2017年合成氨、烧碱生产实现的节电量分别为7.4亿和13.2亿kW•h，电石节电量为-13.5亿kW•h。主要化工产品单位综合电耗变化情况，见表2-2-2。

表2-2-2　主要化工产品单位综合电耗变化情况　亿kW•h

产　品	2012年	2013年	2014年	2015年	2016年	2017年	2017年节电量
合成氨	1010	995	992	989	983	968	7.4
电　石	3360	3423	3295	3277	3224	3279	-13.5
烧　碱	2359	2326	2272	2228	2028	1988	13.2

石油和化学工业主要的节电措施包括：

（一）合成氨

(1) 合成氨节能改造综合技术。该技术采用国内先进成熟、适用的工艺技术与装备改造的装置，吹风气余热回收副产蒸汽及供热锅炉产蒸汽，先发电后供生产用汽，实现能量梯级利用。关键技术有余热发电、降低氨合成压力、净化生产工艺、低位能余热吸收制冷、变压吸附脱碳、涡轮机组回收动力、提高变换压力、机泵变频调速等。该技术可实现节电200～400kW•h/t，全国如半数企业实施本项工程可节电80亿kW•h/年。

(2) 日产千吨级新型氨合成技术。该技术设计采取并联分流进塔形式，阻力低，起始温度低，热点温度高，且选择了适宜的平衡温距，有利于提高氨净值，目前已实现装备国产化，单塔能力达到日产氨1100t，吨氨节电249.9kW，年节能总效益6374.4万元。目前，我国该技术已经处于世界领先地位。

(3) 高效复合型蒸发式冷却技术。冷却设备是广泛应用于工业领域的重要基础设备，也是工业耗能较高的设备。高效复合型冷却器技术具有节能降耗、环保的特点，与空冷相比，节电率为30%～60%，综合节能率60%以上。

(4) 合成氨装置锅炉改造。指的是104-J汽改电项目，目前工业用电的平均电价为0.128元/（kW•h），按电动机平均负荷系数0.19计算，其年均运行费为28 212万元，所以，在锅炉给水泵104-J汽改电项目实施后，可年均降低生产运行成本140万元。

(5) 双层甲醇合成塔内件。新型的内件阻力小、电耗低、催化剂利用系数高，产能大幅增加，且选择了适宜的平衡温距催化剂还具有自卸功能，使操作更加方便。这种技术适用于中小氮肥企业和甲醇生产企业技术改造和新上项目，也适用于将低产能的合成氨塔改造成甲醇合成塔。

(6) 节能型环保循环流化床锅炉。该设备可燃烧煤矸石、洗中煤、垃圾等劣质燃料，节省煤耗6%以上，节电30%以上，年运行时间7500h以上。

（二）电石

电石行业节电主要从以下几个方面开展：采用机械化自动上料和配料密闭系统技术，发展大中型密闭式电石炉；大中型电石炉采用节能型变压器、节约电能的系统设计和机械化出炉设备；推广密闭电石炉气直接燃烧法锅炉系统和半密闭炉烟气废热锅炉技术，有效利用电石炉尾气。

(1) 淘汰落后产能，产能首次出现零增长。据电石工业协会统计，我国国内电石生产企业220家，产能达到4500万t/年，与2010年相比产能几乎翻一番，但相对于2015年，产能首次出现零增长。行业继续积极推进淘汰落后产能工作。2016年，累计淘汰或转产电石企业35家，合计80台电石炉252万t。

2011—2016 年累计淘汰或转产 862.9 万 t，合计电石炉 327 台，涉及 183 家企业。

(2) 加快密闭式电石炉和炉气的综合利用。密闭炉烟气主要成分是一氧化碳，占烟气总量的 80%左右，利用价值很高。采用内燃炉，炉内会混进大量的空气，一氧化碳在炉内完全燃烧形成大量废气无法利用，同时内燃炉排放的烟气中 CO_2 含量比密闭炉要大得多，每生产 1t 电石要排放约 9000m^3 的烟气，而密闭炉生产 1t 电石烟气排放量仅约为 400m^3（约 170kgce)，吨电石电炉电耗可节约 250kW•h，节电率 7.2%。截至 2015 年底，密闭式电石炉产能达到 3552 万 t/年，占比提升至 79%。

(3) 高温烟气干法净化技术。该技术既可以避免湿法净化法造成的二次水污染，也能够避免传统干法净化法对高温炉气净化的过程中损失大量热量，最大限度保留余热，为进一步循环利用提供了稳定的气源，提高了预热利用效率，属于国内领先技术。经测算，一台 33 000kVA 密闭电石炉及其炉气除尘系统每年实现减排粉尘 450 万 t，减排 CO_2 气体 3.72 万 t，节电 2175 万 kW•h，折合煤 1.9 万 t，直接增收 2036 万元。

（三）烧碱

(1) 大力推广离子膜生产技术。离子膜电解制碱具有节能、产品质量高、无汞和石棉污染的优点。我国不再建设年产 1 万 t 以下规模的烧碱装置，新建和扩建工程应采用离子膜法工艺。如果我国将 100 万 t 隔膜法制碱改造成离子交换膜法制碱，综合能耗可节约 412 万 tce。此外，离子膜法工艺具有产品质量高、占地面积小、自动化程度高、清洁环保等优势，成为新扩产的烧碱项目的首选工艺方法。

(2) 新型高效膜极距离子膜电解技术。将离子膜电解槽的阴极组件设计为弹性结构，使离子膜在电槽运行中稳定地贴在阳极上形成膜极距，降低溶液欧姆电压降，实现节能降耗，目前，采用该技术产能合计 1215 万 t/年，每年节电 15.8 亿 kW•h。

(3) 滑片式高压氯气压缩机。采用滑片式高压氯气压缩机耗电 85kW•h，与传统的液化工艺相比，全行业每年可节约用电 23 750 万 kW•h，同时还可以减少大量的“三废”排放。

2.3　电力工业节电

电力工业自用电量主要包括发电侧的发电机组厂用电以及电网侧的电量输送损耗两部分。2017 年，电力工业发电侧和电网侧用电量合计为 6603 亿 kW•h，占全社会总用电量的 10.4%。其中，厂用电量 3080 亿 kW•h，占全社会总用电量的 4.8%，比去年降低 2 个百分点；线损电量 3522 亿 kW•h，占全社会总用电量的 5.5%，高于上年 0.4 个百分点。

发电侧：2017 年，全国 6000kW 及以上电厂综合厂用电率为 4.80%，比上年增加 0.03 个百分点。其中，水电厂厂用电率 0.27%，低于去年 0.02 个百分点；火电厂厂用电率 6.04%，高于上年 0.03 个百分点。2017 年 6000kW 及以上电厂厂用电率整体上升。

电网侧：2017 年全国线损率为 6.48%，较上年低 0.01 个百分点，线损电量 3522 亿 kW•h。

综合发电侧与电网侧，2017 年电力工业生产领域实现节电量 6.3 亿 kW•h。

电力工业的节电措施主要有：

(1) 推广发电厂节能技术改造。通过各种发电设备技术改造，提高运行安全稳定性，降低发电煤耗和厂用电率。**第一，减少空载运行变压器的数量**。火力发电厂中都设置备用变压器，且这种变压器的启动都通过大容量的高压电完成，大大增加了空载的耗损量。合理减少空载运行变压器的数量，可在很大程度上降低由变压器启动所消耗的电力资源。此外，低压厂用电接线尽量采用暗备用动力中心方式接线，确保每台变压器的负载损耗降为原有负载损耗的四分之一。**第二，安装轻载节电器**。主要是在空载或低负载运行的过程中，降低电动机的端电压，从而实现节电。然而，这些技术需要增加一些辅助回路，将增大辅助机械产生故障的概率，因此，应结合设备运行情况，在保证机组运行安全的情况下合理选用。**第三，降低照明损耗**。采用高效率的照明灯具，对没有防护要求的较清洁的场所，首先选用开启型灯具；对于有防护要求的场所，应采用透光性能好的透光材料和反射率高的反射材料。采用高效率、长寿命的电光源，在电厂照明设计中应选用T8细管荧光灯替代T2粗管荧光灯，用紧凑型节能荧光灯替代白炽灯，在显色性要求不高的场所采用金属卤化物灯，在显色性要求不高的场所采用高压钠灯等。**第四，高效利用高温废气**。充分利用发电环节产生的高温废气，可以用来预热空气，节约加热助燃空气的能量。**第五，采用节能型无功补偿装置，实现无功分散和就地补偿**。无功补偿就是借助于无功补偿设备提供必要的无功功率，以提高系统的功率因数，降低能耗。为改善电网电压质量，电力部门应对各用电企业的总降压变电站功率因数有总体要求。现在新型的节能型无功补偿装置已开始应用，如SVC型无功补偿装置，它可根据实际需要自动投入等量或不等量电容，实现三相对称或不对称补偿功能，另外它带有RC吸收回路，能滤除高次谐波。

（2）挖掘输配电节电潜力。特高压输电、智能电网、提高配电网功率因数等，是输配电系统节能降耗主要措施。截至2017年底，国家电网公司共计投产5条直流、2条交流特高压项目，其中1000kV交流特高压输电通道2条，约2577km；±800kV特高压直流输电通道5条，约8339km。2017年，全国跨区输送电量4236亿kW•h，比上年增长12.1%，增速比上年提高5.2个百分点；全国跨省输出电量11 300亿kW•h，同比增长12.6%，增速比上年提高7.6个百分点。

智能电网建设中的灵活交流输电技术，也是输电网节能降损的关键技术之一。2009年，国家电网公司在世界上率先提出智能变电站理念及设计方案，截至2016年底，国家电网公司共建设约5000座智能变电站，已投运以“一体化设备、一体化网络、一体化系统”为特点的新一代智能变电站40座。“十三五”

期间，国家电网公司还将继续推进智能电网和智能变电站建设，预计会再建8000多座智能变电站。《南方电网发展规划（2013—2020年）》也指出，将加强城乡配电网建设，推广建设智能电网，到2020年城市配电网自动化覆盖率达到80%。

在提高配电网功效因数方面，建立起基于企业配电网无功优化的能量监控与管理系统，最终达到了配电网功率因数大于0.94、系统用能效率大于90%、节能率不低于8%的目标，顺利通过国家科技部的验收，标志着我国已掌握了大型工业企业电气综合节能的核心技术，推动我国配网节能技术的应用。

(3) 淘汰高耗能落后工艺设备，推广高效配电变压器。据统计，我国输配电损耗占全国发电量的6.6%左右，其中配电变压器损耗占到40%以上。作为节能减排的重要措施，国际上很多国家都出台了相应政策来提升配电变压器能效。近年来，我国也通过实施配电变压器能效提升计划，加快高效配电变压器的推广应用。按照《配电变压器能效提升计划（2015—2017年）》的目标，到2017年底，初步完成高耗能配电变压器的升级改造，高效配电变压器在网运行比例提高14%。建成较为完善的配套体系和规范的市场秩序，当年新增量中高效配电变压器占比达到70%。截止到2017年，累计推广高效配电变压器6亿kV•A，实现年节电94亿kW•h，相当于节约标准煤310万t，减排CO_2 810万t。非晶合金制作铁芯而成的变压器，它比硅钢片作铁芯变压器的空载损耗下降80%左右，空载电流下降约85%，是目前节能效果较理想的配电变压器，特别适用于农村电网和变压器负载率较低的地方使用。因为配网变压器数量多，大多数又长期处于运行状态，所以，这些变压器的效率提高的节电效果非常明显。基于现有的实用技术，高效节能变压器的损耗至少可以节省15%。

(4) 加大配电网建设和农网改造。2017年，全国完成配电网投资2826亿元，相比去年提高9.3%，110kV及以下配电网投资比重占电网总投资比重达到53.2%；新一轮农网改造取得阶段性重大进展，完成了《关于"十三五"期间实施新一轮农村电网改造升级工程的意见》（国办发〔2016〕9号）文件中

“中心村电网改造升级，实现平原地区机井用电全覆盖”的任务。按照国家部署，到2020年，我国农村地区基本实现稳定可靠的供电服务全覆盖，供电能力和服务水平明显提升，农村电网供电可靠率达到99.8%，将建成结构合理、技术先进、安全可靠、智能高效的现代农村电网。

(5) 加强线损管理，降低管理线损。除技术措施降低线损外，加强组织和管理也是降损的重要措施。2017年，电网企业通过健全线损管理体系、加强线路理论分析和计算等措施降低线损。理论线损是线损管理的最基础资料，是分析线损构成，制定技术降损措施的依据，也是衡量线损管理好坏的尺度。针对分析出的线损管理漏洞采取相应措施。在理论线损计算、在线测量、电网布局、改进计划制订等诸多方面进行积极改进，做到切实、准确、高效。

2.4 工业节电

相比2016年，2017年7种工业产品实现节电量-30.6亿kW•h，如表2-2-3所示。其中钢、电石的产品电耗上升，电解铝、水泥、平板玻璃、合成氨、烧碱等5类产品单位电耗降低，根据电耗与产量测算，5类产品合计节电41.1亿kW•h，进而按照用电比例推算，2017年制造业节电量约32.6亿kW•h。此外，综合发电侧与电网侧，2017年电力工业生产领域节电量6.3亿kW•h。相比2016年，2017年工业部门节电量共计约为38.9亿kW•h。

表2-2-3　我国重点高耗能产品电耗及节电量

类别	产品电耗					2017年比2016年节电量
	单位	2010年	2015年	2016年	2017年	
钢	kW•h/t	448	473	467	474	-58.2
电解铝	kW•h/t	13 979	13 562	13 599	13 577	7.2
水泥	kW•h/t	89	86	86	85	11.7
平板玻璃	kW•h/重量箱	7.1	6.5	6.2	6.0	1.6
合成氨	kW•h/t	1116	989	983	968	7.4

续表

类别	产品电耗					2017年比2016年节电量
	单位	2010年	2015年	2016年	2017年	
烧碱	kW•h/t	2203	2228	2028	1988	13.2
电石	kW•h/t	3340	3277	3224	3279	－13.5
合计						－30.6

数据来源：国家统计局；国家发展改革委；工业和信息化部；中国煤炭工业协会；中国电力企业联合会；中国钢铁工业协会；中国有色金属工业协会；中国建材工业协会；中国化工节能技术协会；中国造纸协会；中国化纤协会。

3

建筑节电

本章要点

（1）建筑领域用电量占全社会用电量比重略有下降。 2017年，全国建筑领域用电量为14 950亿kW·h，比上年增长9.8%，占全社会用电量的比重为25.02%，比重上升1.35个百分点。

（2）2017年建筑领域实现节电量2780亿kW·h。 2017年，建筑领域通过对新建建筑实施节能设计标准，对既有建筑实施节能改造，推广绿色节能照明、高效家电，以及大规模应用可再生能源等节电措施，实现节电量2780亿kW·h。其中，新建节能建筑和既有建筑节能改造实现节电量350亿kW·h，推广高效照明设备实现节电量1750亿kW·h，推广高效家电实现节电量680亿kW·h。

3.1 综述

随着建筑规模的扩大和既有建筑面积的增长，我国建筑运行能耗大幅增长。据不完全统计，我国建筑运行能耗约占全国能源消耗总量的20%。如果加上当年由于新建建筑带来的建造能耗整个建筑领域的建造和运行能耗占全国能耗总量的比例高达35%以上。

2017年，全国建筑领域用电量为16 092亿kW•h，比上年增长6.06%，占全社会用电量的比重为25.51%，比重上升0.49个百分点。我国建筑部门终端用电量情况，见表2-3-1。

表2-3-1　　我国建筑部门终端用电量　　亿kW•h

年份	2010	2011	2012	2013	2014	2015	2016	2017
全社会用电量	41 923	46 928	49 657	53 423	56 393	56 933	59 474	63 077
其中：建筑用电	9622	10 727	11 909	12 772	12 680	13 479	14 950	16 092
其中：民用	5125	5646	6219	6793	6936	7285	8071	8694
商业	4497	5082	5690	6670	5744	6194	6879	7398

数据来源：中国电力企业联合会，国家统计局。

3.2 主要节电措施

(1) 实施新建节能建筑和既有建筑节能改造。

2017年，新建建筑执行节能设计标准形成节能能力1600万tce，既有建筑节能改造形成节能能力160万tce。根据相关材料显示建筑能耗中电力比重约为55%，由此可推算，2017年新建节能建筑和既有建筑节能改造形成的节电量约为350亿kW•h。

(2) 推广绿色照明。

随着LED技术的不断成熟，LED照明光效不断提高，从2003年的20lm/W

提升到2016年的160lm/W，是白炽灯的6～10倍、荧光灯的两倍左右，而且发光角度只有荧光灯的三分之一，一般18W的LED灯管就可以替换42W的传统荧光灯管，7W的球泡就可以替换50W的白炽灯，使用寿命更是远长于传统灯具，替换传统灯具的效率更高，节电效应更明显。另外，LED光源的价格也稳步下降，现在已经降到传统灯具的价格附近，替换不存在什么阻力。国家《半导体照明产业“十三五”发展规划》要求到2020年，LED照明产品销售额占整个照明电器行业销售总额的比例要达到70%。近年来我国绿色照明推广成效显著，白炽灯已淡出国内市场，高效照明灯具的市场渗透率逐年提升。有机构估算2020年中国LED照明行业整体市场规模将达10 000亿元，LED照明行业渗透率达70%，按此估算，2017年的LED照明行业渗透率约52%。综合渗透规模以及能效技术进步，2017年推广绿色照明可实现年节电约1750亿kW·h。

(3) 高效智能家电普及。

随着人工智能时代的到来，智能化也成为家电业发展的一大趋势。智能家电是将微处理器、传感器技术、网络通信技术引入家电设备后形成的家电产品，具有自动感知住宅空间状态和家电自身状态、家电服务状态，能够自动控制及接收住宅用户在住宅内或远程的控制指令，具有节能效果。近期《基于大数据平台的智能家电节能技术规范》问世，确立了智能家电基于物联网云端大数据技术实现舒适节能的定义、技术要求和检测评价方法，旨在根据智能化技术应用情况和智能化水平来评价系统的节能特性。在标准的规范下，未来智能家电的节能效果将会日益突出。我国智能家电行业市场规模呈现快速增长的趋势。据统计，2017年中国智能家电行业市场规模达到了2828亿元，预计2018年将近3500亿元，其市场前景十分广阔。

据统计，2017年我国彩色电视机产量17 233万台，同比下降1.4%，累计销售17 096万台；2017年国内生产家用空调14 350万台，同比增长27.7%，国内销售8875万台，同比增长46.7%，出口量为5295万台，同比增长

10.5%；洗衣机2017年产量为6369万台，同比增长8.1%，出口1993万台，同比增长8.6%，国内销量为6407万台，同比增长7.7%；电冰箱产量7516万台，同比增长0.8%，冰箱内销4480万台，同比下降5.3%，冰箱出口3027万台，同比增长12.7%，累计销售7507万台，同比增长1.2%。

据统计，家电年耗电量占全社会居民用电总量的80%。据此可知，2017年我国家电耗电约6955亿kW•h。我国目前还在城镇化进程中，因此节能家电的消费潜力将进一步释放。根据以往的数据推算2017年，我国主要节能家用电器可节电约680亿kW•h。

(4) 大规模应用可再生能源。

可再生能源技术是实现绿色建筑的可靠保障之一。目前主要利用的有太阳能、地热、风能等，其中太阳能集热器运用不断加快。2006年以来太阳能集热器装机替代标准煤量如图2-3-1所示。

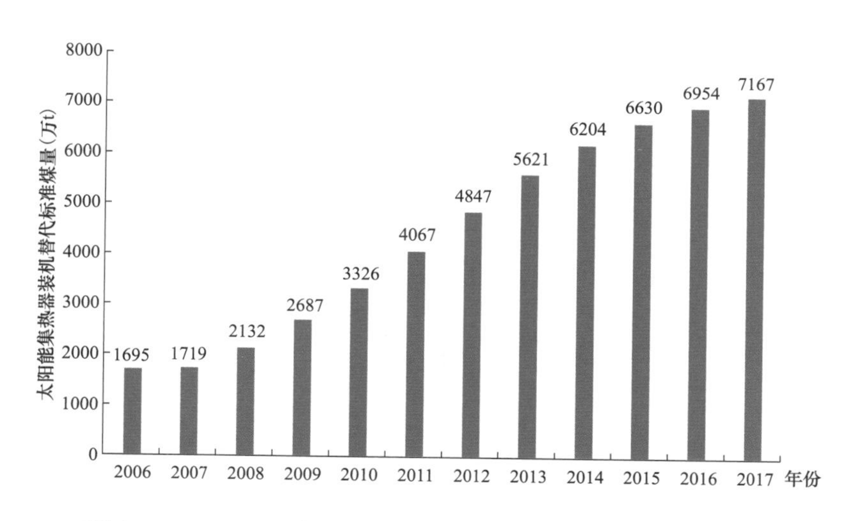

图2-3-1　2006年以来太阳能集热器装机替代标准煤量

清洁供暖方面，可再生能源发挥了较大作用。国家能源局综合司发出《关于开展北方地区可再生能源清洁取暖实施方案编制有关工作的通知》都明确的资源潜力包括风能、太阳能、地热能、生物质能等各类可再生能源资源。

3.3 节电效果

2017年，新建节能建筑和既有建筑节能改造实现节电量350亿kW•h，推广应用高效照明设备实现节电量1750亿kW•h，推广高效家电实现节电量680亿kW•h。经汇总测算，2017年建筑领域主要节能手段约实现节电量2780亿kW•h。我国建筑领域节电情况，见表2-3-2。

表2-3-2 我国建筑领域节电情况统计 亿kW•h

类别	2011年	2012年	2013年	2014年	2015年	2016年	2017年
新建节能建筑和既有建筑节能改造	257	222	276	223	331	292	350
高效照明设备	462	192	471	460	1000	1400	1750
高效家电	337	384	550	554	551	490	680
总计	1056	799	1297	1237	1882	2182	2780

注 建筑节电量统计不包括建筑领域可再生能源利用量。

4

交通运输节电

本章要点

（1）电气化铁路是我国交通运输行业节电主要领域。 截至 2017 年底，我国电气化铁路营业里程达到 8.7 万 km，比上年增长 7.8%，电气化率 68.2%，比上年提高 3.4 个百分点。2017 年，全国电气化铁路用电量为 595 亿 kW·h，比上年增长 8.8%，占交通运输业用电总量的 56%左右。

（2）交通运输业节电措施主要集中在技术改进及管理水平提升方面。 主要节电措施包括优化牵引动力结构、推动再生制动能量利用技术应用、加强可变电压可变频率（VVVF）变压控制装置及采用非晶合金牵引变压器等节能产品的推广，加强基础设施及运营管理等。

（3）2017 年，电力机车综合电耗为 101kW·h/（万 t·km），比上年下降了 0.11kW·h/（万 t·km）。 根据电气化铁路换算周转量（27 566 亿 t·km）计算，2017 年，我国电气化铁路实现节电量至少为 0.28 亿 kW·h。

4.1 综述

在交通运输领域的公路、铁路、水路、航空等4种运输方式中，电气化铁路用电量最大。

近年来，随着电气化铁路快速发展，用电量也逐年上升。截至2017年底，我国电气化铁路营业里程达到8.7万km，比上年增长7.8%，电气化率68.2%，比上年提高3.4个百分点[1]。其中，我国高速铁路发展迅速，截止到2017年底，我国高铁营业里程达2.5万km，居世界第一位。全国电力机车拥有量为1.27万台，占全国铁路机车拥有量的59.5%。

2017年，我国电气化铁路用电量约595亿kW·h，比上年增长8.8%，占交通运输用电总量的56%。

4.2 节电措施

交通运输系统中，电气化铁路是主要的节电领域。优化牵引动力结构、推动再生制动能量利用技术应用、加强可变电压可变频率（VVVF）变压控制装置及采用非晶合金牵引变压器等节能产品的推广，加强基础设施及运营管理等是实现电气化铁路节电的有效途径。

(1) 优化牵引动力结构。

铁路列车牵引能耗占整个铁路运输行业的90%左右。根据相关测算结果[2]，内燃机车牵引铁路与电力牵引铁路的能耗系数分别为2.86和1.93，电力机车的效率比内燃机车高54%。截至2017年底，全国铁路机车拥有量为2.1万台，比上年减少372台，其中内燃机车占40.4%，电力机车占59.5%，电力机车比

[1] 中国铁路总公司，2017年铁道统计公报。

[2] 高速铁路的节能减排效应，中国能源报第24版，2012年5月14日。

重较上年再次上升。

高铁永磁牵引技术：2015年5月，中国中车旗下株洲电力机车研究所有限公司攻克了第三代轨道交通牵引技术，即690kW永磁同步电机牵引系统，掌握完全自主知识产权，成为中国高铁制胜市场的一大战略利器。690kW永磁同步电动机牵引系统，相比目前主流的异步电动机，功率提高60%，电机损耗降低70%[1]。永磁系统节能效果显著，以在中央空调领域的应用为例，基于永磁变频传动系统的中央空调可实现节能40%。一台240kW的中央空调，若每年运行4个月，一年至少可节约用电11.52万kW·h。按全国40 000台中央空调测算，则一年即可节约用电46亿kW·h，少排放CO_2 46万t。

(2) 加强节电技术的推广应用。

再生制动能量利用。再生制动能量利用主要有两种方式：一是临车吸收。指车辆在制动时的动能通过牵引电机转变成电能，反馈到牵引电网，为列车自身辅助用电及相邻列车所吸收利用；二是再生制动能量利用装置吸收再利用。是指主要采用IGBT逆变器将列车的再生制动能量吸收到大容量电容器组中，当供电区间内有列车启动、加速需要取流时，该装置将所储存的电能释放出去并进行再利用。据有关资料介绍[2]，在容纳150名乘客的10节车厢以时速90km运行时，从刹车到列车停止的30s内大约能够产生1500kW·h的再生电量。产生的再生电量通过专门架设的电线输送给其他列车，其他列车以这些再生电量为动力，从而实现了列车的节能运行。

东大阪的新生驹变电所设有晶闸管逆变器，靠回收制动车辆的回生电力（回生电力是指通过回收制动装置回收的电力），每年回收电力70万kW·h，供给非行车用电使用。

---

[1] 中国经济周刊，世界最先进：中国研发出高铁永磁牵引技术，2015年6月24日。

[2] 日本大力发展铁路节能技术利用再生电力节能，中国经济网。

德铁采用使列车的气体制动能转换成电能反馈接触网的节能方案，2003年节约电能281GW·h，相当于122座现代化风力发电设备的发电量。

(3) 加强新型节电产品的推广应用。

可变电压可变频率（VVVF）变压控制装置。该装置可将供电线路中的直流电转换为交流电，根据电车的加速度和速度的变化调整电压和频率，从而使得电动机更有效运转。最大优点就是比过去的列车减少了约30%的耗电量。

采用非晶合金牵引变压器。牵引变压器的损耗包括负载损耗和空载损耗，变压器损耗在轨道交通总用电量中占据了一定比例。而非晶合金牵引变压器最显著的特点为空载损耗很低。以容量为400kVA的变压器为例，硅钢片非晶合金空载损耗为1230W，而非晶合金空载损耗仅为310W，节能成效显著。

以北京10号线二期工程为例，采用非晶合金牵引变压器代替硅钢片变压器，全线一年仅配电变压器空载损耗（不包括负载损耗）即可实现节省电费33.8万元，如果变压器使用寿命按30年考虑的话，则在配电变压器的全生命周期内可节省空载损耗总电费约1014万元。

(4) 加强基础设施及运营管理。

改进电气化铁路线路质量。铁路线路条件是影响电力机车牵引用电的重要因素之一，做好铁路运营线路的合理设计、建设、维护，将有助于提高机车运行效率，减少用电损失。根据《中长期铁路网调整规划方案》，至2020年，我国铁路电气化率预计达到60%以上，在高覆盖率下，铁路线路质量的管理维护对提高机车用电效率的影响将更为明显。

加强交通运输用能场所的用电管理。如对车站、列车的照明、空调、热水、电梯等采取节能措施，并根据场所所需的照明时段采取分时、分区的自动照明控制技术；在站内服务区、站台等区域推广使用LED灯；在公路建设施工期间集中供电等，均能有效地实现节电。

4.3 节电效果

2017 年，电力机车综合电耗为 101kW·h/（万 t·km），比上年下降了 0.11kW·h/（万 t·km）。根据电气化铁路换算周转量（27 566 亿 t·km）计算，2017 年，我国电气化铁路实现节电量至少为 0.28 亿 kW·h。

5

全社会节电成效

本章要点

（1）全国单位GDP电耗同比下降，多年来看呈波动变化态势。 2017年，全国单位GDP电耗803kW·h/万元（按2015年价格计算，下同），比上年下降1.2%，与2015年相比累计下降2.9%。"十一五"以来，我国单位GDP电耗水平呈波动变化趋势。其中，2006、2007、2010、2011年分别同比增长1.6%、0.5%、3.8%、2.3%，2012年以来连续五年呈现下降趋势。

（2）全社会节电效果较好。 2017年与2016年相比，我国工业、建筑、交通运输部门合计实现节电量2819亿kW·h。其中，工业部门节电量约为39亿kW·h，建筑部门节电量2780亿kW·h，交通运输部门节电量至少0.28亿kW·h。节电量可减少CO_2排放1.6亿t，减少SO_2排放31.0万t，减少氮氧化物31.0万t。

5.1 单位 GDP 电耗

（一）全国单位 GDP 电耗

全国单位 GDP 电耗同比持续下降。2017 年，全国单位 GDP 电耗 803kW·h/万元（按 2015 年价格计算，下同），比上年下降 1.2%，与 2015 年相比累计下降 2.9%。“十一五”以来，我国单位 GDP 电耗水平呈波动变化趋势。其中，2006、2007、2010、2011 年分别同比增长 1.6%、0.5%、3.8%、2.3%，2012 年以来连续五年呈现下降趋势。2006 年以来我国单位 GDP 电耗及其同比变化情况，见图 2-5-1。

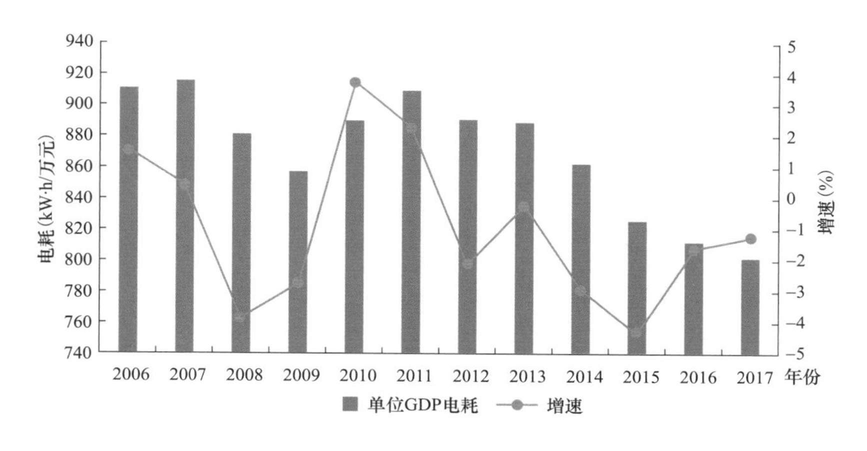

图 2-5-1　2006 年以来我国单位 GDP 电耗及其同比变化情况

（二）单位 GDP 电耗分解

为进一步分析影响节电成效的主要因素，运用 Laspeyres 分解将单位 GDP 电耗变化分解为结构因素和效率因素。分解结果如图 2-5-2 所示：总体来看，2006—2017 年间，结构因素对单位 GDP 电耗的影响大于效率因素，结构因素和效率因素对单位 GDP 电耗下降的贡献分别为 73.1%、26.9%；且近年来结构因素的影响呈现逐步增大趋势。特别是 2016、2017 年，结构的优化弥补了部分行业电耗的上升，保持了电耗的持续下降。

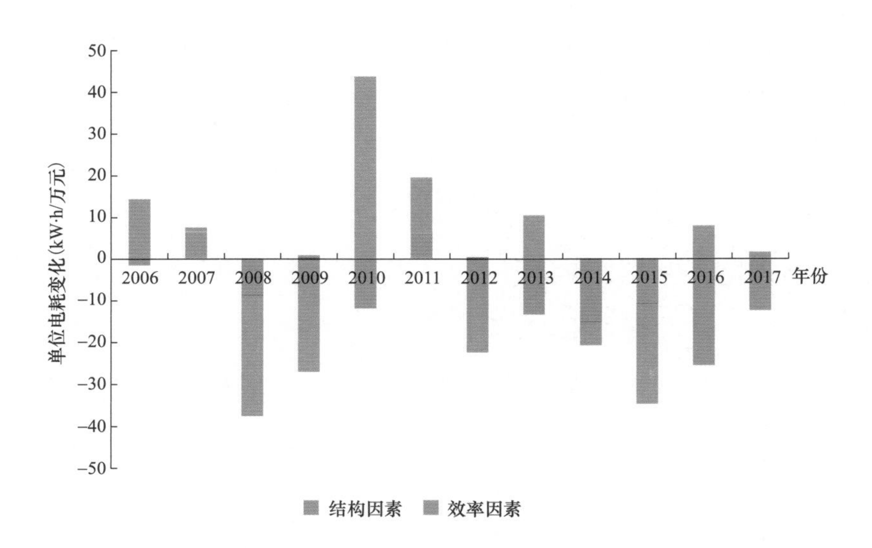

图 2-5-2　2006 年以来我国单位 GDP 电耗变化因素分解

5.2　节电量

2017 年与 2016 年相比，我国工业、建筑、交通运输部门合计实现节电量 2819 亿 kW•h。其中，工业部门节电量约为 39 亿 kW•h，建筑部门节电量 2780 亿 kW•h，交通运输部门节电量至少 0.28 亿 kW•h。节电量可减少 CO_2 排放 1.6 亿 t，减少二氧化硫排放 31.0 万 t，减少氮氧化物 31.0 万 t。

2017 年我国主要部门节电量见表 2-5-1。

表 2-5-1　　2017 年我国主要部门节电量

类别	2017 年	
部门	节电量（亿 kW•h）	比重（%）
工业	39	1.4
建筑	2780	98.6
交通运输	0.28	0.01
总计	2819	100

专题篇

中国节能节电 40 年：节能节电成效及相关建议

一、节能节电政策

改革开放以来，随着我国经济的快速增长，能源电力消费量也急剧增加。为节约能源电力消费，这 40 年间陆续出台了一系列节能节电政策，这些政策大体可分为强制指令型节能政策和引导自愿型节能政策两大类。在改革开放初期，受计划经济以及能源电力供给不足的影响，节能节电政策以强制指令型节能政策为主。随后，随着市场经济体制的逐步完善，经济信号对各利益相关方的影响也越来越大，相应的，通过鼓励和引导等方式发生作用的引导自愿型政策的比重逐步提升。

1. 强制指令型节能政策

强制指令型节能政策又可细分为规划类政策、法规类政策以及标准类政策。

（1）规划类政策。

1980 年，第六个五年计划，即中华人民共和国 1981～1985 年的国民经济和社会发展计划，明确提出“有计划有重点地对现有企业进行技术改造，广泛地开展以节能为主要目标的技术革新活动”，将节能工作纳入全社会发展计划中。

2001 年，为推动全社会开展节能降耗和资源综合利用，国家经贸委发布《能源节约与资源综合利用“十五”规划》。这是新世纪第一个节能中长期规划。

2004 年，国家发展改革委印发《节能中长期专项规划》，对于推动全社会大力节能降耗、提高能源利用效率、加快建设节能型社会起到了重要作用。

2011 年和 2012 年，国务院先后印发《“十二五”节能减排综合性工作方案》和《节能减排“十二五”规划》，以期缓解资源环境约束，应对全球气候变化，促进经济发展方式转变，建设资源节约型、环境友好型社会，增强可持续发展能力。

2013 年，国务院印制《大气污染防治行动计划》，从大气污染防治的角度提出了节能减排工作的新要求和新计划。

2016年底，国务院印发《“十三五”节能减排综合工作方案》，明确了到2020年的节能减排目标，以及相应的实施领域、环节、措施、政策及体制机制等。

(2) 法规类政策。

1986年，国务院发布《节约能源管理暂行条例》，以合理利用能源、降低能源消耗、提高经济效益作为目标，较为全面地明确规定了节能的措施。

1997年11月，全国人大常委会通过《中华人民共和国节约能源法》，并于1998年1月1日正式实施，成为我国节能领域的第一步综合性法律，明确了节能的原则、制度和规范等基本问题。随后，我国又相继出台了一系列法律法规，包括国家经贸委在1999年和2000年先后出台的《重点用能单位节能管理办法》《节约用电管理办法》等。2006—2008年，基于深入调查研究和广泛意见征求，《中华人民共和国节约能源法》重新修订并实施。修订后的法律突出了对节能管理制度的设计与构建。2018年，国家发展改革委等七部委共同对《重点用能单位节能管理办法》进行了修订，以更好地加强重点用能单位节能管理，提高能源利用效率。

1999年，中国节能产品认证管理委员会和中国节能产品认证中心，出台《中国节能产品认证管理办法》，开始实施节能产品认证制度，为推动我国用能产品能效水平的提高发挥了很好的作用。

2000年，国家经委、国家计委印发《节约用电管理办法》，建设部发布《民用建筑节能管理规定》（2006年重新修订），都是我国出台的推广节能技术的重要政策文件。

2004年，国家发展改革委和国家质检总局发布《能源效率标志管理办法》，推动了节能技术进步并提高了用能产品能源效率。2016年，两部委对该办法进行了修订和重新发布实施。

2010年，为加强能源计量监督管理和促进节能减排和可持续发展，国家质检总局公布《能源计量监督管理办法》；为从源头上杜绝能源浪费和提高能源利用效率，国家发展改革委发布《固定资产投资项目节能评估和审查暂行办法》。

2016年，国家发展改革委公布《节能监察办法》，以规范节能监察行为，提升节能监察效能，提高全社会能源利用效率；同年，《固定资产投资项目节能评估和审查办法》以及经过重新修订后的《能效标识管理办法》发布实施。

（3）标准类政策。

1989年，全国能源基础与管理标准化技术委员会制定第一批共9项家用电器能效标准，1990年底开始强制实施，对提高我国家电能效发挥了积极作用。1995年起，我国开始陆续修订首批标准，并逐步扩大产品范围，能效标准稳步推进。

1990年，国家技术监督局发布《能源标准化管理办法》，对能源从开发到利用的各个环节制定所需要的能源标准，组织实施能源标准和对能源标准的实施进行监督，为我国节能标准体系的构建提出了明确的要求，奠定了重要基础。

2015年，为进一步加强节能标准化工作，国务院发布《关于加强节能标准化工作的意见》，明确提出到2020年建成指标先进、符合国情的节能标准体系，主要高耗能行业实现能耗限额标准全覆盖，80%以上的能效指标达到国际先进水平，标准国际化水平明显提升。

2017年，国家发展改革委、国家标准委印发《节能标准体系建设方案》，明确到2020年，节能国标、行标、地标、团标体系结构更加优化，建成指标先进、符合国情的节能标准体系。

2. 引导自愿型节能政策

（1）建议类政策。

1982年，机械工业部颁布《机械工业第一批节能产品推广目录》，随后一直到1998年止，共颁布十八批节能产品推广目录，涉及上千种产品。节能产品推广目录的颁布为全社会节能节电提供了实操层面的重要指导。

(2) 经济类政策。

2004 年，国家发展改革委对电解铝、铁合金、电石、烧碱、水泥、钢铁等 6 个高耗能行业试行了差别电价政策，并通过下发《关于进一步落实差别电价及自备电厂收费政策有关问题的通知》对差别电价政策作了进一步完善；2005 年，《国家发展和改革委员会关于继续实行差别电价政策有关问题的通知》公布；2006 年，国务院办公厅转发发展改革委《关于完善差别电价政策的意见》，通过差别电价遏制高耗能产业的盲目发展和低水平重复建设，淘汰落后生产能力，促进产业结构调整和技术升级，缓解能源供应紧张局面。

2007 年起，财政部、中国人民银行、国家发展改革委等部门相继出台了一系列节能相关的财政和金融政策，例如 2007 年的《节能技术改造财政奖励资金管理暂行办法》《关于改进和加强节能环保领域金融服务工作的指导意见》和《节能减排授信工作指导意见》，2008 年的《高效照明产品推广财政补贴资金管理暂行办法》，2009 年的《节能与新能源汽车示范推广财政补贴资金管理暂行办法》，2010 年的《合同能源管理项目财政奖励资金管理暂行办法》等。

2015 年，银监会、国家发展改革委联合印发《能效信贷指引》，积极支持产业结构调整和企业技术改造升级，提高能源利用效率，降低能源消耗。

(3) 宣传类政策。

1990 年，国务院第六次节能办公会议上确定全国节能宣传周活动，旨在提升全国人民的节能意识。1991 年起至 2018 年，已经成功举办了 28 次，时间也由最初的每年 11 月举行改为每年 6 月举行。

二、节能节电的主要措施

(1) 优化产业结构，推进结构节能。

结构节能是指通过产业结构调整降低高耗能产业占比的节能方式。1978—2017 年，我国经济结构调整均取得新进展，经济发展的协调性增强，第二产业占

GDP比重由47.7%下降至40.5%，第三产业比重则由24.6%上升至51.6%。据测算，2000—2015年间，经济结构变化对能耗下降的贡献达16.1%。

另外，产业结构调整还包括产业内部的转型升级、淘汰落后产能、严控新增产能等。“十一五”期间，淘汰落后产能集中在造纸、化工、纺织、印染、酒精、味精、柠檬酸等重污染行业。“十二五”期间则主要在钢铁、建材、有色金属、轻工纺织和食品等六大领域19个重大行业，重点行业淘汰落后产能目标提前一年完成。特别是工业领域严格控制“两高”和产能过剩行业新上项目，通过调整产业“产品”空间布局结构实现结构节能。“十三五”期间产业结构调整的重点任务转变为化解过剩产能，同时结构优化调整将逐步向产业内部的结构优化拓展。

（2）推动技术创新，提升能源利用效率。

技术创新与技术进步是实现节能减排最重要的方式。为加快节能技术进步和推广普及，引导用能单位采用先进适用的节能新技术、新装备、新工艺，国家发展改革委自2008年起连续发布六批《国家重点节能技术推广目录》，2014年开始发布《国家重点节能低碳技术推广目录》。“十一五”以来，我国大力实施节能技术改造，重点行业生产工艺装备技术水平明显提升，先进适用节能技术推广应用成效突出。

2011—2016年间，我国规模以上工业企业研究开发经费增幅超过80%[1]。在市场竞争、政府政策的引导和激励等多方因素推动下，高耗能行业高能效技术、设备和工艺迅速普及，技术落后的状况明显改观，主要工业产品产品能耗不断下降。

（3）实施节能重点工程，开展全民节能行动。

为落实节约资源基本国策，围绕实现“十一五”GDP能耗降低20%左右的目标，2006年，国家发展改革委公布了“十大重点节能工程”，包括节约和

---

[1] 相关数据来源于王庆一，《能源数据手册2017》。

替代石油、燃煤工业锅炉和窑炉改造、区域热电联产、余热余压利用、电机系统节能、能量系统优化、建筑节能、绿色照明、政府机构节能、节能监测和技术服务体系建设。

为推动重点用能单位加强节能工作，强化节能管理，2006 年，国家发展改革委等 5 部门印发了《千家企业节能行动实施方案》，针对钢铁、有色、煤炭、电力、石油石化、化工、建材、纺织、造纸等 9 个重点耗能行业规模以上独立核算企业[1]加强节能管理。2011 年，国家发展改革委等 12 各部门联合发布《万家企业节能低碳行动实施方案》，将年综合能源消费量 1 万 t 标准煤以上以及有关部门指定的年综合能源消费量 5000t 标准煤以上的重点用能单位纳入万家企业，提升万家企业的节能管理水平，形成节能长效机制。

2016 年，国务院印发了《“十三五”节能减排综合工作方案》，将“十三五”能源消费总量和强度“双控”目标分解到各省（区、市），提出了主要行业和部门节能目标，并从优化产业和能源结构、加强重点领域节能十一个方面明确了推进节能减排工作的具体措施。同年，国家发展改革委等 13 部门印发了《“十三五”全民节能行动计划》，重点部署了节能产品推广行动、重点用能单位能效提升行动、工业能效赶超行动、建筑能效提升行动、交通节能推进行动、公共机构节能率先行动、节能服务产业倍增行动、节能科技支撑行动、居民节能行动、节能重点工程推进行动等十项行动计划。

(4) 发展节能环保产业，驱动社会绿色转型。

发展节能环保产业是促进节能减排的重要战略之一。近几年来，受到国家推动生态文明建设、社会公众节能环保意识提高等因素推动，同时受益于政策驱动和市场机制的逐步完善，我国节能环保产业快速发展，行业规模稳步增长。据测算，“十二五”期间，我国节能环保产业年均增速在 15%以上，“十三五”期间行业规模仍将保持高速增长。同时，在当前经济转型升级背景下，节

---

[1] 2004 年企业综合能源消费量达到 18 万 t 标准煤以上，共 1008 家。

能环保产业将成为我国战略性新兴产业的重要组成部分，在战略定位上逐步向我国支柱性产业方向转变；发展节能环保产业是培育发展新动能，提升绿色竞争力的重要举措。

三、节能节电成效

1. 全社会节能节电成效

(1) 单位 GDP 能耗。

1978—2017 年间，我国单位 GDP 能耗由 2.51tce/万元降至 0.57tce/万元（以 2015 年价格计算），累计降幅达 77%，如图 3-0-1 所示，其中 1978—2000 年为快速下降区间，年均下降 4.8%；2000—2005 年间受高耗能行业发展加速、能源消费向高耗能低附加值的产业集中影响，单位 GDP 能耗上升，年均增长 2.2%；2005 年开始又进入下降区间，2005—2017 年间年均下降 4.2%。

根据逐年能耗变动情况估算，1978—2017 年间我国单位 GDP 能耗下降累计实现节能量约 28.7 亿 tce，约减少 CO_2 排放 62.8 亿 t，减少 SO_2 排放 1326.7 万 t，减少 NO_x 排放 1398.4 万 t。

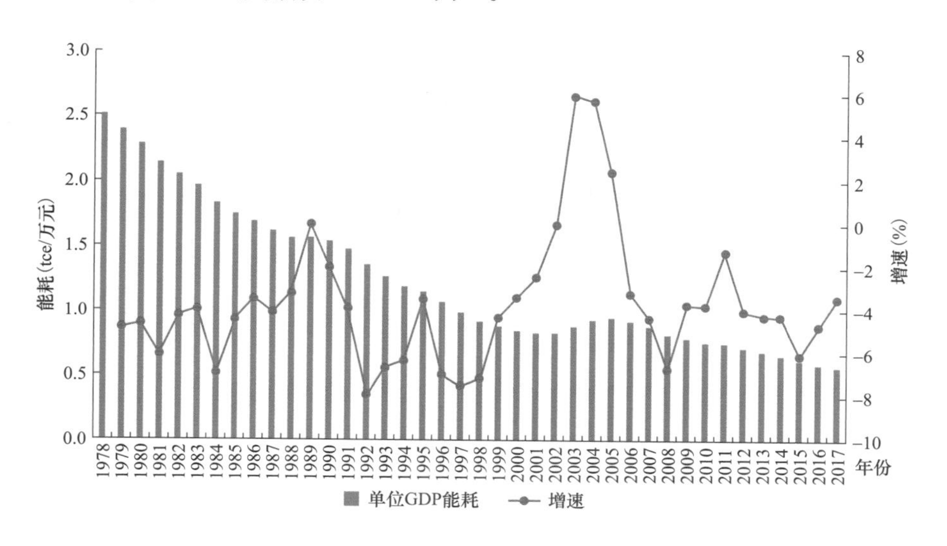

图 3-0-1　1978—2017 年我国单位 GDP 能耗变化情况[1]

[1] 按 2015 年价格计算。

（2）单位 GDP 电耗。

1978—2017 年间，我国单位 GDP 电耗由 1095kW·h/万元降至 803kW·h/万元（以 2015 年价格计算），累计降幅达 27%。电耗的影响因素相较能耗更为复杂，同时受到技术水平、经济结构、能源消费结构（电能替代）等因素影响，电耗的波动相较能耗更为显著，如图 3-0-2 所示。1978—2000 年间除个别年份偶有波动，总体呈下降趋势，年均下降 1.5%；2000—2007 年间同样受高耗能行业快速发展的带动，单位 GDP 电耗年均增长 2.4%；2008 年开始又进入下降区间，2008—2017 年间年均下降 1.0%。

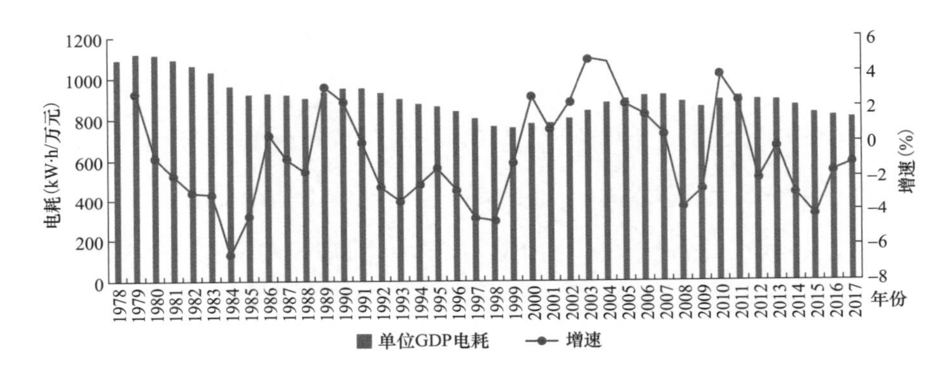

图 3-0-2　1978—2017 年我国单位 GDP 电耗变化情况❶

根据逐年电耗变动情况估算，1978—2017 年间我国单位 GDP 电耗下降累计实现节电量约 6012 亿 kW·h，约减少 CO_2 排放 3.3 亿 t，减少 SO_2 排放 66.1 万 t，减少 NO_x 排放 66.1 万 t。

2. 重点行业节能节电成效

1990—2017 年，我国主要高耗能行业产品单位能耗持续下降，与国际先进水平的差距逐步缩小，具体能耗变化如表 3-0-1 所示，其中 2000—2017 年间，铜冶炼综合能耗、墙体材料综合能耗、平板玻璃综合能耗累计降幅超过 40%；截至 2017 年，铜冶炼综合能耗已超过国际先进水平，钢可比能耗、电解铝交流

❶ 按 2015 年价格计算。

电耗、纯碱综合能耗、电石电耗与国际先进水平的差距不到 10%。

表 3-0-1　　1990—2017 年我国主要高耗能产品能耗指标

指标	产品能耗					国际先进水平		
	单位	1990 年	2000 年	2010 年	2017 年	指标	国家（地区）	年份
火电厂供电煤耗	gce/（kW•h）	427	392	333	309	274	意大利	2011
钢可比能耗	kgce/t	997	784	681	614	615	日本	2014
电解铝交流电耗	kW•h/t	17 100	15 418	13 979	13 577	12 900	—	—
铜冶炼综合能耗	kgce/t	—	1227	500	321	360	—	—
水泥综合能耗	kgce/t	201	172	143	123	111	日本	2014
建筑陶瓷综合能耗	kgce/m^2	—	8.6	7.7	7.0	3.4	—	—
墙体材料综合能耗	kgce/万块标准砖	—	763	468	430	300	美国	—
平板玻璃综合能耗	kgce/重量箱	—	25	16.9	12.4	13.0	—	—
原油加工综合能耗	kgce/t	—	118	100	91	73	—	—
乙烯综合能耗	kgce/t	1580	1125	950	841	629	中东	2005
合成氨综合能耗	kgce/t	2035	1699	1587	1463	990	美国	2005
烧碱综合能耗	kgce/t	—	1439	1006	862	670	—	—
纯碱综合能耗	kgce/t	—	406	385	333	310	—	—
电石电耗	kW•h/t	—	3475	3340	3279	3000	—	—

注　烧碱综合能耗的国际先进水平为德国意大利合资企业伍德迪诺拉公司。
数据来源：《中国能源统计年鉴 2017》、王庆一《能源数据手册 2017》。

按照 2017 年主要产品产量估算，相较 2000 年，因主要高耗能产品能耗下降实现的节能量约为 3.8 亿 tce，约减少 CO_2 排放 8.4 亿 t，减少 SO_2 排放 176.6 万 t，减少氮氧化物排放 186.1 万 t。

四、节能节电面临的主要问题和相关建议

1. 节能节电面临的主要问题

改革开放以来，我国的节能节电工作已取得了长足的进步，获得了举世瞩

目的成绩，不过目前仍面临以下问题。

（1）节能工作偏重依赖行政手段。

我国的节能工作主要靠政府推动，其中以节能约束指标层层分解的行政手段为代表。行政手段具有直接、强制性等特点，对行政手段的依赖在提升节能成效的同时也带来一些问题。如：节能以强制性约束推动，尚未转化为节能主体的自觉行动；节能减排目标与部分地区的经济发展目标还存在分歧，激励政策不够完善；从生产端到消费端的“全过程”节能强制标准还有待进一步细化、健全等，这些问题都不利于节能的成本和效率达到最优。

（2）节能系统性欠缺，行业和地区节能发展均存在不均衡现象。

节能具有多领域性和复杂性等特点，当前我国的节能工作侧重于单项节能技术的推广、重点行业和用能设备能效的提升，而不同节能技术的综合应用、行业之间的协同耦合、上下游企业间的协调较为欠缺，制约了系统层面的节能潜力的释放，也造成了单个企业能效水平高、全社会能效相对较低的现象。

同时，我国还面临着经济发展不均衡问题，不同地区资源禀赋、产业结构等也存在较大差异，所面临的节能形势和问题不尽相同，即节能的地区不平衡不协调问题较为突出。具体到节能服务产业，也存在各集聚区域自发性发展为主、区域内产业规划较为滞后、产业协同效应缺失等问题，影响了节能服务要素资源的科学配置。

（3）节能技术先进与落后并存，节能形势仍较为严峻。

我国虽然已是制造业大国，但尚处于世界制造业产业链的中低端，产业大而不强、自主创新能力不足、基础制造水平落后、低水平重复建设等问题依然突出。先进节能节电设备、工艺和技术的普及程度仍然较低，整体能源效率相比发达国家以及部分发展中国家较低，节能降耗领域面临技术先进与落后并存的局面，科技创新对节能减排的支撑不足。

2. 节能节电工作相关建议

（1）行政手段和市场机制并行，探索完善节能工作机制。

节能自身具有的外部性、公益性等特点使其无法完全依赖市场手段，欧美发达国家的节能发展也普遍经历了从政府强制到市场驱动的过程。良好的节能工作机制需要行政手段和市场手段的有机结合，发挥行政手段导向明确和市场手段因势利导的特点，运用行政手段矫正市场失灵区域，通过市场机制调动节能主体的积极性。总体而言，相对完善的节能长效工作机制需要政府做好宏观顶层设计，统筹多种政策的协同性，理顺价格机制，培育节能服务市场，健全激励机制，从人才、资金、技术等多方面扶持节能市场主体发展，推动节能市场健康发展。

（2）因地制宜和统筹规划结合，加强节能的综合性和协同性。

未来节能工作需从局部、单体节能向全流程、系统性节能转变，从设备级节能向园区级节能延伸，从重点行业向全行业拓展；节能服务则要从提供单一的技术、产品向提供智慧、可持续的综合性系统解决方案转变，提升能源综合利用水平。同时，在充分考虑地区、行业特点的基础上，制定差异化节能政策，统筹推进实现优势互补，提升节能协同性。

（3）结构调整与末端能效提升共举，推动节能成效全方位突破。

技术创新是实现全要素生产率提高的主要因素之一，也是实现产品供给转型升级的关键。未来在立足企业自主研发基础上，加快引进国外先进技术，引导多领域技术创新和融合，加快成果转化应用，通过技术创新驱动末端能效提升。

伴随着技术潜力的不断挖掘，结构调整对节能的贡献将显著增大，优化产业结构将成为节能的最大潜力，也蕴含着培育经济增长新动能的巨大空间。而新形势下结构的优化升级不仅包括三次产业的结构调整，更重要的是产业内部结构优化、产品结构升级、质量改善和附加值提升。

（4）提升电气化水平，构建清洁高效的能源体系。

电能具有清洁高效、使用便捷的特点。电能可由几乎所有一次能源转化得到，可获得性高，终端利用效率可达90%以上。电气化水平提升可有效降低能源强度，据测算，1990—2015年间，我国电气化水平每提升1个百分点，单位GDP能耗下降3%～4%。加快电力发展，提升电气化水平是构建新型能源体系的重要内容和推动能源转型的中心环节。

在能源生产环节将各类能源转化为电力使用，提升发电能源占一次能源比重；消费环节扩展电能的利用范围、深化电能的利用程度。提升电能占终端能源消费比重。另外，发挥电力灵活可控、多元可变的特性，加强电力与各类信息技术的融合，提升电能生产利用各环节的智能化、互动化水平，推动能源消费向互动、灵活的智能化方式转变，构建清洁、安全、高效、智能的新型能源消费体系。

（5）加强节能国际协作，发挥能源消费大国的引领作用。

我国已成为全球第二大经济体和能源消费第一大国，在能源消费和环境保护方面受到世界的广泛关注。作为负责任的大国，我国历来是提升能效方面的有力倡导者和重要实践者，在节能增效领域取得显著成绩，逐步从参与和跟随者转变为引领者。2016年，我国作为G20主席国，牵头制定了《G20能效引领计划》（EELP），该计划为G20提供了长期、综合、灵活和资源充足的能效资源合作框架。EELP的提出旨在加强世界各国各类相关机构的战略合作，总结并传播最佳实践，全面提升能效，减少化石能源的消费，经济应对气候变化，促进经济繁荣。

国际合作的经验表明，多边合作可以提升能源技术创新的成本效益，并可以创造新的市场机遇，促进全球能源系统实现最经济的转型。我国在能效提升方面的部分成就也得益于国际交流合作。未来需借助EELP的框架，继续广泛开展国际战略合作，深入交流节能领域的先进技术和理念，发挥能源消费大国的引领作用，提升我国在国际能效合作领域的话语权。

附录1 能源、电力数据

附表 1-1 中国能源与经济主要指标

类别	2005年	2010年	2011年	2012年	2013年	2014年	2015年	2016年	2017年
人口（万人）	130 756	133 920	134 735	135 404	136 072	136 782	137 462	138 271	139 008
城镇人口比重（%）	43.0	49.7	51.3	52.6	53.7	54.8	56.1	57.3	58.5
GDP增长率（%）	11.3	9.2	9.3	7.7	7.7	7.3	6.9	6.7	6.9
GDP（亿元）	187 319	413 030	489 301	540 367	595 244	643 974	689 052	744 127	827 122
经济结构（%）									
第一产业	11.6	9.5	9.4	9.4	9.3	9.1	8.9	8.6	7.9
第二产业	47.0	46.4	46.4	45.3	44.0	43.1	40.9	39.8	40.5
第三产业	41.3	44.1	44.2	45.3	46.7	47.8	50.2	51.6	51.6
人均GDP（美元/人）	1808	4425	5375	6078	6750	7571	7925	8143	8836
一次能源消费量（Mtce）	2613.7	3606.5	3870.4	4021.4	4169.1	4258.1	4299.1	4358.2	4490.0
原油进口依存度（%）	36.4	54.5	55.1	56.4	56.5	59.3	59.8	64.4	68
城镇居民人均可支配收入（元）	10 493	19 109	21 810	24 565	26 955	28 844	31 195	33 616	36 396
农村居民家庭人均纯收入（元）	3255	5919	6977	7917	8896	10 489	11 422	12 363	13 432

续表

类别	2005年	2010年	2011年	2012年	2013年	2014年	2015年	2016年	2017年
民用汽车拥有量（万辆）	3159.7	7801.8	9356.3	10 933.1	12 670.1	14 598.1	16 284.5	18 574.5	21 743.1
其中：私人汽车	1383.9	4989.5	6237.5	8838.6	10 501.7	12 339	14 099	16 330.2	18 128.9
人均能耗（kgce）	1805	2429	2589	2678	3071	3121	3135	3153	3219
居民家庭人均生活用电（kW·h）	221	383	418	460	515	526	552	610	626
能源工业固定资产投资（亿元）	10 206	21 627	23 046	25 500	29 009	31 515	32 562	32 837	32 259
发电量（TW·h）	2497.5	4227.8	4730.6	4986.5	5372.1	5680.1	5740.0	6022.8	6495.1
钢产量（Mt）	353.2	637.2	683.9	717.2	779，0	822.7	803.8	807.6	831.7
水泥产量（Mt）	1068.9	1881.9	2085.0	2210.0	2416.0	2476.1	2359.2	2410.3	2316.3
货物出口总额（亿美元）	7619.5	15 779.5	18 983.8	20 487.1	22 090.0	23 427.8	22 734.7	20 976.3	22 708.2
货物进口总额（亿美元）	6599.5	13 962.4	17 434.8	18 184.1	19 499.9	19 603.9	16 795.6	15 879.3	18 454.6
SO_2排放量（Mt）	25.49	21.85	22.18	21.18	20.44	19.74	18.59	11.03	10.15
人民币兑美元汇率	8.1943	6.7695	6.5488	6.3125	6.1932	6.1428	6.2284	6.6423	6.7518

注 1. GDP按当年价格计算，增长率按可比价格计算。

2. 能源工业固定资产投资包括煤炭开采洗选业、石油和天然气开采业、石油加工和炼焦业、电力和热水生产及供应业、燃气生产和供应业。

数据来源：国家统计局；海关总署；中国电力企业联合会；环境保护部；能源数据分析手册2015。

附表 1-2　　**中国城乡居民生活水平和能源消费**

类别	2005年	2010年	2011年	2012年	2013年	2014年	2015年	2016年	2017年
人均GDP（美元）	1731	4425	5375	6091	6856	67 571	7925	8143	8836
城镇居民人均可支配收入（元）	10 493	19 109	21 810	24 565	26 955	28 844	31 195	33 616	36 396
农村居民家庭人均纯收入（元）	3255	5919	6977	7917	8896	10 489	11 422	12 363	13 432
房间空调器									
城镇	80.7	112.1	122.0	126.8	102.2	107.4	114.6	123.7	128.6
农村	6.4	16.0	22.6	25.4	29.8	34.2	38.8	47.6	52.6
电冰箱									
城镇	90.7	96.6	97.2	98.5	89.2	91.7	94.0	96.4	98.0
农村	20.1	45.2	61.5	67.3	72.9	77.6	82.6	89.5	91.7
彩色电视机									
城镇	134.8	137.4	135.2	136.1	118.6	122.0	122.3	122.3	123.8
农村	84.1	111.8	115.5	116.9	112.9	115.6	116.9	118.8	120.0
家用计算机									
城镇	41.5	71.2	81.9	87	71.5	76.2	78.5	80.0	80.8
农村	2.1	10.4	18.0	21.4	20.0	23.5	25.7	27.9	29.2
家用汽车									
城镇	3.4	13.1	18.6	21.9	22.3	25.7	30.0	35.5	37.5
人均耗能（kgce）	1805	2429	2589	2678	3071	3121	3135	3153	3219
人均生活用电（kW·h）	221	383	418	460	515	526	552	610	629
城镇	306	445	464	501	528	525	532	576	610
农村	149	316	368	415	465	485	527	594	648

数据来源：国家统计局；中国电力企业联合会。

附表1-3　中国能源和电力消费弹性系数

年份	能源消费比上年增长（%）	电力消费比上年增长（%）	国内生产总值比上年增长（%）	能源消费弹性系数	电力消费弹性系数
1990	1.8	6.2	3.9	0.46	1.59
1991	5.1	9.2	9.3	0.55	0.99
1992	5.2	11.5	14.2	0.37	0.81
1993	6.3	11.0	13.9	0.45	0.79
1994	5.8	9.9	13.0	0.45	0.76
1995	6.9	8.2	11.0	0.63	0.75
1996	3.1	7.4	9.9	0.31	0.75
1997	0.5	4.8	9.3	0.06	0.52
1998	0.2	2.8	7.8	0.03	0.36
1999	3.2	6.1	7.7	0.42	0.79
2000	4.5	9.5	8.5	0.54	1.12
2001	5.8	9.3	8.3	0.70	1.12
2002	9.0	11.8	9.1	0.99	1.30
2003	16.2	15.6	10.0	1.60	1.56
2004	16.8	15.4	10.1	1.66	1.52
2005	13.5	13.5	11.4	1.18	1.18
2006	9.6	14.6	12.7	0.76	1.15
2007	8.7	14.4	14.2	0.61	1.01
2008	2.9	5.6	9.7	0.30	0.58
2009	4.8	7.2	9.4	0.51	0.77
2010	7.3	13.2	10.6	0.69	1.25
2011	7.3	12.1	9.5	0.77	1.27
2012	3.9	5.9	7.9	0.49	0.75
2013	3.7	8.9	7.8	0.47	1.14
2014	2.1	4.0	7.3	0.29	0.55
2015	1.0	2.9	6.9	0.14	0.42
2016	1.4	5.6	6.7	0.21	0.84
2017	2.9	6.6	6.9	0.42	0.96

数据来源：国家统计局。

附表 1-4 中国一次能源消费量及结构

年份	能源消费总量（万 tce）	构成（能源消费总量=100）			
		煤炭	石油	天然气	水电、核电、风电
1978	57 144	70.7	22.7	3.2	3.4
1980	60 275	72.2	20.7	3.1	4.0
1985	76 682	75.8	17.1	2.2	4.9
1990	98 703	76.2	16.6	2.1	5.1
1991	103 783	76.1	17.1	2.0	4.8
1992	109 170	75.7	17.5	1.9	4.9
1993	115 993	74.7	18.2	1.9	5.2
1994	122 737	75.0	17.4	1.9	5.7
1995	131 176	74.6	17.5	1.8	6.1
1996	135 192	73.5	18.7	1.8	6.0
1997	135 909	71.4	20.4	1.8	6.4
1998	136 184	70.9	20.8	1.8	6.5
1999	140 569	70.6	21.5	2.0	5.9
2000	146 946	68.5	22.0	2.2	7.3
2001	155 547	68.0	21.2	2.4	8.4
2002	169 577	68.5	21.0	2.3	8.2
2003	197 083	70.2	20.1	2.3	7.4
2004	230 281	70.2	19.9	2.3	7.6
2005	261 369	72.4	17.8	2.4	7.4
2006	286 467	72.4	17.5	2.7	7.4
2007	311 442	72.5	17.0	3.0	7.5
2008	320 611	71.5	16.7	3.4	8.4
2009	336 126	71.6	16.4	3.5	8.5
2010	360 648	69.2	17.4	4.0	9.4
2011	387 043	70.2	16.8	4.6	8.4
2012	402 138	68.5	17.0	4.8	9.7
2013	416 913	67.4	17.1	5.3	10.2
2014	425 806	65.6	17.4	5.7	11.3
2015	429 905	63.7	18.3	5.9	12.1
2016	435 819	62.0	18.5	6.2	13.3
2017	449 000	60.4	18.8	7.0	13.8

数据来源：国家统计局。

附表1-5　　中国分品种能源产量

年份	能源生产总量（万 tce）	占能源生产总量的比重（%）			
		原煤	原油	天然气	一次电力及其他能源
1990	103 922	74.2	19.0	2.0	4.8
1991	104 844	74.1	19.2	2.0	4.7
1992	107 256	74.3	18.9	2.0	4.8
1993	111 059	74.0	18.7	2.0	5.3
1994	118 729	74.6	17.6	1.9	5.9
1995	129 034	75.3	16.6	1.9	6.2
1996	133 032	75.0	16.9	2.0	6.1
1997	133 460	74.3	17.2	2.1	6.5
1998	129 834	73.3	17.7	2.2	6.8
1999	131 935	73.9	17.3	2.5	6.3
2000	138 570	72.9	16.8	2.6	7.7
2001	147 425	72.6	15.9	2.7	8.8
2002	156 277	73.1	15.3	2.8	8.8
2003	178 299	75.7	13.6	2.6	8.1
2004	206 108	76.7	12.2	2.7	8.4
2005	229 037	77.4	11.3	2.9	8.4
2006	244 763	77.5	10.8	3.2	8.5
2007	264 173	77.8	10.1	3.5	8.6
2008	277 419	76.8	9.8	3.9	9.5
2009	286 092	76.8	9.4	4.0	9.8
2010	312 125	76.2	9.3	4.1	10.4
2011	340 178	77.8	8.5	4.1	9.6
2012	351 041	76.2	8.5	4.1	11.2
2013	358 784	75.4	8.4	4.4	11.8
2014	361 866	73.6	8.4	4.7	13.3
2015	361 476	72.2	8.5	4.8	14.5
2016	346 000	69.6	8.2	5.3	16.9
2017	359 000	69.3	7.6	5.6	17.5

数据来源：国家统计局。

附表 1-6

中国能源进出口

类别	2000 年	2005 年	2010 年	2011 年	2012 年	2013 年	2014 年	2015 年	2016 年	2017 年
原油（Mt）										
出口	10.44	8.07	3.04	2.52	2.44	1.62	0.60	2.8	—	—
进口	70.27	127.08	239.31	253.78	271.09	282.14	308.36	335.8	381.0	419.57
天然气（亿 m^3）										
出口	31.4	29.7	40.3	41.0	28.5	27.1	25.1	—	—	—
进口	—	—	164.7	310.0	398.9	518.2	583.5	612	745	955.5
煤炭（Mt）										
出口	58.84	71.68	19.03	14.66	9.26	7.51	5.74	5.33	8.79	8.17
进口	2.02	26.17	164.78	182.40	188.51	327.08	291.22	204.1	255	270.9

数据来源：能源数据分析手册；BP Statistical Review of World Energy，June 2018。

附表 1-7

世界一次能源消费量及结构（2017 年）

国家（地区）	一次能源消费量（Mtoe）	消费结构（%）					
		石油	天然气	煤	核能	水能	非水可再生能源
中国	3132.2	19.4	6.6	60.4	1.8	8.3	3.5
美国	2234.9	40.9	28.4	14.9	8.6	3.0	4.2
俄罗斯	698.3	22.0	52.3	13.2	6.6	5.9	0.0
印度	753.7	29.5	4.5	56.3	1.1	4.1	4.5
日本	456.4	41.3	22.1	26.4	1.4	3.9	4.9
加拿大	348.7	31.1	28.5	5.3	6.3	25.8	3.0

续表

国家（地区）	一次能源消费量（Mtoe）	消费结构（%）					
		石油	天然气	煤	核能	水能	非水可再生能源
德国	335.1	35.8	23.1	21.3	5.1	1.3	13.4
巴西	294.4	46.1	11.2	5.6	1.2	28.4	7.5
韩国	295.9	43.8	14.3	29.2	11.3	0.2	1.2
法国	237.9	33.5	16.2	3.8	37.9	4.7	3.9
伊朗	275.4	30.7	67.1	0.3	0.6	1.3	0.0
沙特阿拉伯	268.3	64.3	35.7	0.0	—	—	—
英国	191.3	39.9	35.4	4.7	8.3	0.7	11.0
墨西哥	189.3	45.9	39.8	6.9	1.3	3.8	2.3
印度尼西亚	175.2	44.1	19.2	32.6	—	2.4	1.7
意大利	156.0	38.8	39.7	6.3	—	5.3	9.9
西班牙	138.8	46.7	19.8	9.7	9.4	3.0	11.4
土耳其	157.7	30.9	28.2	28.3	—	8.4	4.2
南非	120.6	23.9	3.2	68.2	3.0	0.2	1.5
欧盟	1689.2	38.2	23.8	13.9	11.1	4.0	9.0
OECD	5605.0	39.4	25.7	15.9	7.9	5.6	5.5
世界	13 511.2	34.2	23.4	27.6	4.4	6.8	3.6

注 1. 非水可再生能源是用于发电的风能、地热、太阳能、生物质和垃圾。
2. 水能和非水可再生能源按火电站转换效率38%换算热当量。

数据来源：BP Statistical Review of World Energy，June 2018。

附表 1-8 世界化石燃料消费量

煤炭（Mtoe）								
国家（地区）	2010年	2011年	2012年	2013年	2014年	2015年	2016年	2017年
中国	1748.9	1903.9	1927.8	1969.1	1954.5	1914.0	1889.1	1892.6
美国	498.8	470.6	416.0	431.8	430.9	372.2	340.6	332.1
印度	290.4	304.6	330.0	352.8	387.5	395.3	405.6	424.0
日本	115.7	109.6	115.8	121.2	119.1	119.0	118.8	120.5
俄罗斯	90.5	94.0	98.4	90.5	87.6	92.1	89.2	92.3
南非	92.8	90.5	88.3	88.4	89.5	83.0	84.7	82.2
韩国	75.9	83.6	81.0	81.9	84.6	85.5	81.9	86.3
德国	77.1	78.3	80.5	82.8	79.6	78.7	75.8	71.3
波兰	55.1	55.0	51.2	53.4	49.4	48.7	49.5	48.7
澳大利亚	49.4	48.1	45.1	43.0	42.6	43.9	43.6	42.3
世界	3605.6	3778.9	3794.5	3865.3	3862.2	3765.0	3706.0	3731.5
石油（Mt）								
国家（地区）	2010年	2011年	2012年	2013年	2014年	2015年	2016年	2017年
美国	850.1	834.9	817.0	832.1	838.1	856.5	865.1	870.1
中国	448.5	465.1	487.1	508.1	528.0	561.8	574.0	595.5
日本	202.7	203.7	217.7	207.4	197.0	189.5	184.4	181.3
印度	155.4	163.0	173.6	175.3	180.8	195.8	216.6	221.8
俄罗斯	133.3	142.2	144.6	144.3	152.4	144.9	147.5	147.8
沙特	136.6	139.1	146.1	146.5	160.9	167.3	167.2	165.8
巴西	126.7	131.9	135.1	145.0	151.4	148.2	139.9	139.6
德国	115.4	112.0	111.4	113.4	110.4	110.0	112.3	114.7
韩国	105.0	105.8	108.8	108.3	107.9	113.8	122.5	122.6
加拿大	101.1	104.3	102.3	103.5	103.7	100.3	102.2	103.6
墨西哥	89.4	91.0	92.9	90.3	85.9	84.9	86.1	82.7
伊朗	82.5	84.0	85.5	93.4	90.2	80.3	77.3	81.0
法国	84.5	83.0	80.3	79.3	76.9	76.7	76.3	76.9
英国	74.9	73.6	71.4	70.3	70.1	71.7	73.2	73.2
新加坡	60.9	63.7	63.4	64.2	65.8	69.5	72.2	74.8
西班牙	72.1	68.8	64.7	59.3	59.0	61.2	63.2	63.6
世界	4076.0	4117.1	4167.9	4219.5	4252.6	4331.6	4408.6	4469.7

续表

天然气（亿 m³）								
国家（地区）	2010年	2011年	2012年	2013年	2014年	2015年	2016年	2017年
美国	6482	6582	6881	7070	7223	7436	7503	7395
俄罗斯	4226	4356	4296	4230	4236	4096	4202	4248
中国	1089	1352	1509	1719	1884	1947	2094	2404
伊朗	1506	1598	1591	1604	1809	191.9	2014	2144
日本	989	1104	1224	1223	1205	1187	1164	1171
加拿大	887	956	928	980	1032	1029	1095	1157
沙特	833	876	944	950	973	992	1053	1114
德国	881	809	811	850	739	770	849	902
墨西哥	660	708	737	785	801	780	918	876
英国	985	819	769	763	701	718	810	788
阿联酋	593	616	639	644	634	710	725	722
意大利	797	748	719	672	594	648	680	721
世界	31 759	32 410	33 271	33 715	33 987	34 742	35 742	36 704

数据来源：BP Statistical Review of World Energy，June 2018。

附表 1-9　　世界石油、天然气、煤炭产量

石油（Mt）								
国家（地区）	2010年	2011年	2012年	2013年	2014年	2015年	2016年	2017年
沙特	473.8	525.9	549.8	538.4	543.4	567.9	586.6	561.7
俄罗斯	512.5	519.6	526.9	532.3	535.1	541.9	555.9	554.4
美国	332.7	344.8	393.8	447.0	522.5	565.3	543.1	571.0
中国	203.0	202.9	207.5	210.0	211.4	214.6	199.7	191.5
加拿大	160.3	169.8	182.6	195.1	209.4	215.6	218.6	236.3
伊朗	212.3	213.0	180.7	169.9	174.3	180.5	216.8	234.2
阿联酋	134.2	149.8	156.5	161.8	163.2	175.0	181.6	176.3
科威特	123.3	140.8	153.9	151.3	150.1	148.1	152.6	146.0
墨西哥	145.6	144.5	143.9	141.8	137.1	127.5	121.4	109.5
伊拉克	120.8	135.8	151.3	152.0	158.8	195.6	217.6	221.5
委内瑞拉	145.8	141.5	139.3	137.8	138.5	135.4	123.1	108.3

续表

石油（Mt）								
国家（地区）	2010年	2011年	2012年	2013年	2014年	2015年	2016年	2017年
尼日利亚	122.1	118.5	116.5	109.5	109.4	105.8	91.4	95.3
巴西	111.6	114.0	112.4	110.2	122.5	132.2	136.7	142.7
挪威	98.9	93.7	87.3	83.2	85.3	87.9	90.4	88.8
世界	3981.4	4009.5	4120.8	4125.3	4223.0	4355.2	4377.1	4387.1
OPEC	1697.4	1733.2	1809.0	1755.3	1750.1	1817.7	1878.1	1860.3
天然气（亿 m^3）								
国家（地区）	2010年	2011年	2012年	2013年	2014年	2015年	2016年	2017年
美国	5752	6174	6491	6557	7047	7403	7293	7345
俄罗斯	5984	6168	6019	6145	5912	5844	5893	6356
伊朗	1501	1575	1637	1643	1831	1914	2032	2239
卡塔尔	1239	1504	1625	1677	1691	1752	1770	1757
加拿大	1496	1511	1503	1519	1591	1609	1716	1763
中国	965	1062	1115	1218	1312	1357	1379	1492
挪威	1064	1005	1139	1079	1080	1162	1158	1232
沙特阿拉伯	833	876	944	950	973	992	1053	1114
阿尔及利亚	774	796	784	793	802	814	914	912
印度尼西亚	870	827	783	776	764	762	707	680
马来西亚	676	670	693	729	720	739	756	784
荷兰	738	671	668	718	606	454	420	366
土库曼斯坦	443	623	651	652	702	728	669	620
墨西哥	512	521	509	525	513	479	437	407
埃及	590	591	586	540	470	426	403	490
阿联酋	500	510	529	532	529	587	596	604
乌兹别克斯坦	569	539	539	539	542	546	531	534
世界	31 693	32 690	33 371	33 762	34 469	35 194	35 498	36 804

续表

煤炭（Mt）								
国家（地区）	2010年	2011年	2012年	2013年	2014年	2015年	2016年	2017年
中国	3428.4	3764.4	3945.1	3974.3	3873.9	3746.5	3410.6	3523.2
美国	983.7	993.9	922.1	893.4	907.2	813.7	660.8	702.3
印度	572.3	563.8	605.6	608.5	646.2	674.2	693.3	716.0
澳大利亚	434.4	423.2	448.2	472.8	504.5	504.5	503.9	481.3
印尼	275.2	353.3	385.9	474.6	458.1	461.6	456.2	461.0
俄罗斯	322.9	337.4	358.3	355.2	357.4	372.6	386.5	411.2
南非	254.5	252.8	258.6	256.3	261.5	252.1	251.2	252.3
德国	182.3	188.6	196.2	190.6	185.8	184.3	175.7	175.1
波兰	133.2	139.3	144.1	142.9	137.1	135.8	131.0	127.1
哈萨克斯坦	110.9	116.4	120.5	119.6	114.0	107.3	103.1	111.1
世界	7479.1	7975.4	8203.0	8270.9	8195.7	7954.2	7492.0	7727.3

注 煤炭包括硬煤和褐煤。2012年褐煤产量（Mt）：中国510，德国185，俄罗斯77，澳大利亚71，美国72，波兰64，印度47，土耳其68。

数据来源：BP Statistical Review of World Energy，June 2018。

附表1-10　　世界发电量　　TW•h

国家（地区）	2006年	2007年	2008年	2009年	2010年	2011年
中国	2865.7	3281.6	3495.8	3714.7	4207.2	4713.0
美国	4331.0	4431.8	4390.1	4206.5	4394.3	4363.4
日本	1164.3	1180.1	1183.7	1114.0	1156.0	1104.2
印度	744.4	796.3	828.4	879.7	937.5	1034.0
俄罗斯	992.1	1018.7	1040.0	993.1	1038.0	1054.9
加拿大	612.0	637.1	638.4	614.0	606.9	638.3
德国	639.6	640.6	640.7	595.6	633.1	613.1
巴西	419.4	445.1	462.9	466.2	515.8	531.8
法国	574.9	569.8	573.8	535.9	569.3	565.0
韩国	403.0	425.4	442.6	452.4	495.0	517.6
世界	19 163.4	20 046.5	20 437.2	20 273.3	21 577.7	22 269.8

续表

国家（地区）	2012年	2013年	2014年	2015年	2016年	2017年
中国	4987.6	5431.6	5649.6	5814.6	6133.2	6495.1
美国	4310.6	4330.3	4363.3	4348.7	4347.9	4281.8
日本	1106.9	1087.8	1062.7	1030.1	1002.3	1020.0
印度	1091.8	1146.1	1262.2	1319.0	1421.5	1497.0
俄罗斯	1069.3	1059.1	1064.2	1067.5	1091.0	1091.2
加拿大	636.5	662.5	660.4	663.7	664.6	693.4
德国	630.1	638.7	626.7	646.9	649.1	654.2
巴西	552.5	570.8	590.5	581.2	578.9	590.9
法国	564.5	573.8	564.2	570.3	556.2	554.1
韩国	531.2	537.2	540.4	547.8	561.0	571.7
世界	22 820.0	23 457.6	23 918.8	24 289.5	24 930.2	25 551.3

数据来源：国家统计局；BP Statistical Review of World Energy，June 2018。

附表1-11　　人均能源与经济指标的国际比较（2017年）

类别	中国	美国	德国	英国	日本	俄罗斯	印度	世界
人口（百万）	1409.5	324.5	82.1	66.2	127.5	144.0	1339.2	7509.6
人均GDP（美元）	8827	59 532	44 470	39 720	38 428	10 743	1940	10 714
人均一次能源消费量（kgoe）	2222	6887	4081	2890	3580	4849	563	1799
石油	432	2814	1460	1153	1477	1062	166	615
煤	1343	1023	868	136	945	641	317	497
天然气	147	1959	944	1023	790	2536	35	420
核电	40	590	209	240	52	319	6	79
水电	186	207	54	20	141	288	23	122
可再生能源	76	292	546	318	176	2	16	65

数据来源：人口数据来源于联合国；GDP数据来源于世界银行，为2017年现货美元；能源消费数据来源于BP Statistical Review of World Energy，June 2018。

附录2 节能减排政策法规

附录2-1 2017年国家出台的节能减排相关政策

类别	文件名称	文号	发布部门	发布时间	
目标责任、总体规划	国家发展改革委关于开展第三批国家低碳城市试点工作的通知	发改气候〔2017〕66号	国家发展改革委	01月07日	2017年
	关于印发《节能标准体系建设方案》的通知	发改环资〔2017〕83号	国家发展改革委、国家标准委	01月11日	
	关于印发《地热能开发利用“十三五”规划》的通知	发改能源〔2017〕158号	国家发展改革委、国家能源局、国土资源部	01月23日	
	关于印发《全国农村沼气发展“十三五”规划》的通知	发改农经〔2017〕178号	国家发展改革委、农业部	01月25日	
	关于明确新增国家重点生态功能区类型的通知	发改办规划〔2017〕201号	国家发展改革委	02月03日	
	关于印发《促进汽车动力电池产业发展行动方案》的通知	工信部联装〔2017〕29号	工业和信息化部、国家发展改革委、科学技术部、财政部	02月20日	
	关于印发气候适应型城市建设试点工作的通知	发改气候〔2017〕343号	国家发展改革委、住房城乡建设部	02月21日	
	国家发展改革委办公厅关于组织开展国家重点节能技术和最佳节能实践征集和更新工作的通知	发改办环资〔2017〕662号	国家发展改革委办公厅	04月14日	
	关于印发《循环发展引领行动》的通知	发改环资〔2017〕751号	国家发展改革委、工业和信息化部、环境保护部	04月21日	

续表

类别	文件名称	文号	发布部门	发布时间	
目标责任、总体规划	关于编制2017年度工业企业技术改造升级导向计划的通知	工信厅规函〔2017〕282号	工业和信息化部	05月12日	2017年
	关于印发《工业节能与绿色标准化行动计划（2017—2019年）》的通知	工信部节〔2017〕110号	工业和信息化部	05月19日	
	关于印发《半导体照明产业“十三五”发展规划》的通知	发改环资〔2017〕1363号	国家发展改革委办公厅	07月10日	
	关于印发《推进并网型微电网建设试行办法》的通知	发改能源〔2017〕1339号	国家发展改革委、国家能源局	07月17日	
	关于印发《制造业“双创”平台培育三年行动计划》的通知	工信部信软〔2017〕194号	工业和信息化部	08月14日	
	关于深入推进供给侧结构性改革做好新形势下电力需求侧管理工作的通知	发改运行规〔2017〕1690号	国家发展改革委、工业和信息化部等十部	09月20日	
	关于印发《北方地区冬季清洁取暖规划（2017—2021年）》的通知	发改能源〔2017〕2100号	国家发展改革委、国家能源局	12月05日	
经济激励、财税政策	关于试行可再生能源绿色电力证书核发及自愿认购交易制度的通知	发改能源〔2017〕132号	国家发展改革委、财政部、国家能源局	01月18日	2017年
	关于节能减排财政政策综合示范工作的补充通知	财建〔2017〕25号	财政部、国家发展改革委	02月23日	
	关于发布《国家重点节能低碳技术推广目录》（2017年本低碳部分）的公告	2017年第3号	国家发展改革委	03月17日	
	关于开展2017年度工业节能技术装备推荐及“能效之星”产品评价工作的通知	工信厅节函〔2017〕211号	工业和信息化部	04月12日	

续表

类别	文件名称	文号	发布部门	发布时间	
经济激励、财税政策	关于做好2017年降成本重点工作的通知	发改运行〔2017〕1139号	国家发展改革委、工业和信息化部、财政部	06月16日	2017年
	关于发布2017年工业转型升级（中国制造2025）资金（部门预算）项目指南的通知	工信部规函〔2017〕351号	工信部	08月21日	
	关于发布2017年第一批绿色制造示范名单的通知	工信厅节函〔2017〕491号	工业和信息化部	08月23日	
	关于印发节能节水和环境保护专用设备企业所得税优惠目录（2017年版）的通知	财税〔2017〕71号	财政部、环境保护部	09月06日	
	国家发展改革委关于印发北方地区清洁供暖价格政策意见的通知	发改价格〔2017〕1684号	国家发展改革委	09月19日	
	关于推荐2017年第二批绿色制造体系建设示范名单的通知	工信厅节函〔2017〕564号	工业和信息化部	10月09日	
	《国家工业节能技术装备推荐目录（2017）》和《“能效之星”产品目录（2017）》公示		工业和信息化部、节能与综合利用司	10月10日	
	国家发展改革委关于印发《不单独进行节能审查的行业目录》的通知	发改环资规〔2017〕1975号	国家发展改革委	11月15日	
	关于印发电动洗衣机、照明产品等五类产品能效“领跑者”制度实施细则暨能效“领跑者”产品遴选工作的通知		国家发展改革委、工业和信息化部、质检总局	12月01日	

续表

类别	文件名称	文号	发布部门	发布时间	
重点工程（调整结构）	国家发展改革委办公厅关于组织开展国家重点节能技术和最佳节能实践征集和更新工作的通知	发改办环资〔2017〕662号	国家发展改革委	04月14日	2017年
	关于2017年全国节能宣传周和全国低碳日活动的通知	发改环资〔2017〕948号	国家发展改革委、工业和信息化部、国资委、新闻出版广电总局	05月16日	
	关于推进光伏发电“领跑者”计划实施和2017年领跑基地建设有关要求的通知	国能发新能〔2017〕54号	国家能源局	09月22日	
	国家发展改革委关于开展重点用能单位“百千万”行动有关事项的通知	发改环资〔2017〕1909号	国家发展改革委	11月01日	
	关于组织开展2017年度高耗能行业能效“领跑者”遴选工作的通知	工信厅联节函〔2017〕635号	国家发展改革委、工业和信息化部办公厅	11月21日	
实施方案（行动计划、实施意见）	国家发展改革委关于加强分类引导培育资源型城市转型发展新动能的指导意见	发改振兴〔2017〕52号	国家发展改革委	01月06日	2017年
	三部委关于加快推进再生资源产业发展的指导意见	工信部联节〔2017〕440号	工业和信息化部、商务部、科技部	01月15日	
	关于利用综合标准依法依规推动落后产能退出的指导意见	工信部联产业〔2017〕30号	工信部、国家发展改革委、财政部、国家能源局	03月29日	
	关于有序放开发用电计划的通知	发改运行〔2017〕294号	能源局、国家发展改革委	03月29日	
	关于做好2017年钢铁煤炭行业化解过剩产能实现脱困发展工作的意见	发改运行〔2017〕691号	国家发展改革委、工信部、财政部	04月17日	

续表

类别	文件名称	文号	发布部门	发布时间	
实施方案（行动计划、实施意见）	关于印发《循环发展引领行动》的通知	发改环资〔2017〕751号	工信部、发展改革委、环境保护部	04月21日	2017年
	关于印发《太阳能光伏产业综合标准化技术体系》的通知	工信厅科〔2017〕45号	工信部	04月25日	
	关于组织开展节能自愿承诺活动的通知	发改办环资〔2017〕927号	国家发展改革委	05月27日	
	关于做好2017年迎峰度夏期间煤电油气运保障工作的通知	发改运行〔2017〕1129号	发展改革委	06月14日	
	关于印发《加快推进天然气利用的意见》的通知	发改能源〔2017〕1217号	国家发展改革委、科技部、国家能源局	06月23日	
	关于加强长江经济带工业绿色发展的指导意见	工信部联节〔2017〕178号	国家发展改革委、工信部、环境保护部	06月30日	
	印发《关于促进分享经济发展的指导性意见》的通知	发改高技〔2017〕1245号	国家发展改革委、工信部	07月03日	
	印发《关于推进供给侧结构性改革防范化解煤电产能过剩风险的意见》的通知	发改能源〔2017〕1404号	国家发展改革委、工信部、财政部	07月26日	
	关于做好煤电油气运保障工作的通知	发改运行〔2017〕1659号	国家发展改革委	09月14日	
	关于促进储能技术与产业发展的指导意见	发改能源〔2017〕1701号	工信部、发展改革委、国家能源局	09月22日	
	关于印发《关于促进储能技术与产业发展的指导意见》	发改能源〔2017〕1701号	发展改革委、财政部等十六部	09月22日	
	关于促进石化产业绿色发展的指导意见	发改产业〔2017〕2105号	国家发展改革委、工业和信息化部	12月05日	

续表

类别	文件名称	文号	发布部门	发布时间	
监督考核	新能源汽车生产企业及产品准入管理规定	中华人民共和国工业和信息化部令 第39号	工业和信息化部	01月06日	2017年
	关于印发《2017年工业节能监察重点工作计划》的通知	工信部节函〔2017〕95号	工业和信息化部	03月02日	
	关于印发生态文明建设目标评价考核部际协作机制方案及组成单位成员名单的通知	发改办环资〔2017〕490号	国家发展改革委办公厅工信部	03月20日	
	全国投资项目在线审批监管平台运行管理暂行办法	2017年第3号令	工信部、国家发展改革委	05月25日	
	关于做好已公告再生资源规范企业事中事后监管的通知	工信厅节函〔2017〕434号	工信部	07月26日	
	关于组织申报第二批工业节能与绿色发展评价中心的通知	工信厅节函〔2017〕471号	工信部	08月15日	
	国家发展改革委办公厅关于开展2017年度节能审查落实情况监督检查的通知	发改办环资〔2017〕1612号	国家发展改革委	09月27日	
	关于组织开展2017年全国减轻企业负担专项督查的通知	工信部运行函〔2017〕439号	工信部	10月16日	
	国家发展改革委办公厅关于做好迎峰度冬期间煤炭市场价格监管的通知	发改办价监〔2017〕1737号	国家发展改革委办公厅	10月23日	
	关于做好2016、2017年度碳排放报告与核查及排放监测计划制定工作的通知	发改办气候〔2017〕1989号	国家发展改革委	12月04日	

附录 2-2 2017 年我国已颁布的能效标准、能耗限额标准

附表 2-2-1　2017 年能耗限额标准

序号	标准号	标准名称
1	GB 25327—2017	氧化铝单位产品能源消耗限额
2	GB 33654—2017	建筑石膏单位产品能源消耗限额
3	GB 21258—2017	常规燃煤发电机组单位产品能源消耗限额
4	GB 35574—2017	热电联产单位产品能源消耗限额
5	GB 21370—2017	碳素单位产品能源消耗限额
6	GB 21341—2017	铁合金单位产品能源消耗限额
7	DB13/T 2540—2017	合成氨单位产品能源消耗限额
8	DB13/T 2541—2017	烧碱单位产品能源消耗限额
9	YS/T 694.4—2017	变形铝及铝合金单位产品能源消耗限额
10	YS/T 694.1—2017	变形铝及铝合金单位产品能源消耗限额

附表 2-2-2　2017 年能效标准

序号	标准号	标准名称
1	GB/T 35115—2017	工业自动化能效
2	GB/T 34867.1—2017	电动机系统节能量测量和验证方法 第 1 部分：电动机现场能效测试方法
3	GB/T 34192—2017	焦化工序能效评估导则
4	GB/T 34193—2017	高炉工序能效评估导则
5	GB/T 34194—2017	转炉工序能效评估导则
6	GB/T 34195—2017	烧结工序能效评估导则
7	GB/T 33861—2017	高低温试验箱能效测试方法
8	GB/T 33873—2017	热老化试验箱能效测试方法
9	GB/T 33973—2017	钢铁企业原料场能效评估导则

参 考 文 献

[1] 国家统计局. 2018中国统计年鉴. 北京：中国统计出版社，2018.

[2] 国家统计局能源统计司. 中国能源统计年鉴2017. 北京：中国统计出版社，2017.

[3] 中国电力企业联合会. 2017年电力工业统计资料汇编.

[4] BP Statistical Review of World Energy 2018，June 2018.

[5] International Energy Agency. Energy Efficiency 2017.

[6] International Energy Agency. Energy Technology Perspectives 2017.

[7] 国际能源署. 能效市场报告2016中国特刊. 2016.

[8] 中国电力企业联合会. 中国电力行业年度发展报告2018.

[9] 中国电子信息产业发展研究院. 2016—2017年中国工业节能减排发展蓝皮书. 北京：人民出版社，2017.

[10] 戴彦德，白泉，等. 中国2020年工业节能情景研究. 北京：中国经济出版社，2015.

[11] 清华大学建筑节能研究中心. 中国建筑节能年度发展研究报告2018. 北京：中国建筑工业出版社，2018.